时装画彩铅
表现技法

陆晓彤 / 著

中青雄狮
中国青年出版社

Contents 目录

Chapter 01
概念与工具

Chapter 02
时装画中的人物与服装

Chapter 03

不同类型彩铅
STEP BY STEP 完全表现

Chapter 04

不同类型的时装表现

Chapter 05

彩铅时装画
范例临本

Chapter 01

概念与工具

1.1 时装画的重要作用

随着时尚产业的发展,开设时装设计专业课程的高等院校越来越多。各大院校的课程设置无论怎样变化,有一门课程始终被放置在最为重要的位置,这就是时装画。就专业设计师而言,绘制时装画的能力是其必须具备的基本职业素养。时装画的重要性可从以下几个方面体现出来。

1.1.1 创意的表达

设计图作为一种媒介,可以让设计师更加明确地传达设计意图和构想。它的可读性及视觉效果都会影响接收者的感受。换言之,设计图本身所承载的信息是至关重要的。

站在观看者的角度,观看者希望能从设计图中了解到设计师的设计风格、款式、用料甚至是搭配组合等。除了实物展示以外,一种有效到位的传达方式就是将多样化的信息简化为图形图像去表达和沟通。

时装画作为时装设计表达的途径之一可以进行不同的诠释,它可以被单纯地看做是创作信息的承载物,亦可看做是具有时代性、风格性的艺术类绘画作品。在各式的服装设计作品中,观看者能明确地感受到不同设计师的设计风格,而设计师也可在时装绘画中体现出个人特色。

一般而言,用于创意表达的时装画是在不偏离实际太多的情况下进行最优化的视觉传达,通过选择性地美化、相应地变形和完善,将设计师脑海中的创意具象化。

1.1.2 设计流程的必要环节

设计从开始到结束或许并没有特别明确的节点。有些设计可能来自于梦境,也可能来自于生活的经历、一个事物的启发,抑或是设计师的某种情感等。而设计的无限可能不仅体现在其最后的成品状态,也体现在思维方法的选择上。对于不同的设计师来说,这一过程是极其重要的,其中的每一步都有可能因为选择的转变而改变最终的结果。

在这里仅跟读者交流设计过程中基本都具备的环节:从灵感或是触动的产生,设计元素的价值性衡量,材料、颜色、触感的搭配选择,重点细节的分析构思,到实施的流程规划、实际操作以及最终的视觉感受等。以上所提及的每一个环节都是穿插着进行的,其中的某个环节或许会因被推翻而需重新设计,所以一种适合个人的、有效的设计思维模式应被建立起来。

时装画的绘制是这一设计流程中微小但却非常关键的一个环节。具体来说,你需要了解:不同类型的服装用何种风格的时装画来表现最为合适;什么工具、什么材料才能最恰当地表现出所选面料的质感;在整个设计流程中,时装画的绘制时间如何控制以及应深入到何种程度等。只有保证每个环节的顺利进行,设计流程才能有条不紊地展开。

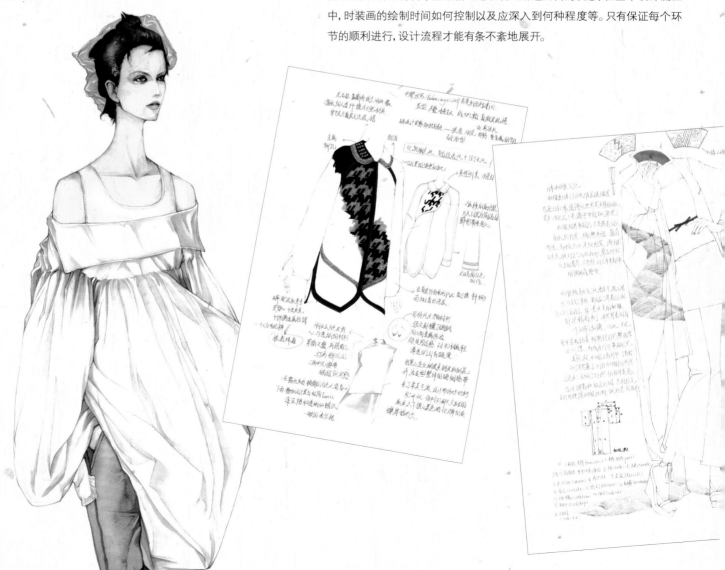

1.1.3 艺术的表现手段

  对于"艺术"这个词有无数来自不同领域的学者进行解说,而它在不同的领域自有其表现形式和价值。

  就时装画的艺术性而言,或许可以从以下几个方面来思考。从设计者内心缪斯的形象和审美而来的模特造型,大致决定了时装画的线条和轮廓;对颜色的敏感度和对材料质感、触感的感受力会影响设计者选择不同的表现材料、工具和手法;平面或立体的视觉传达方式改变着接收者的视觉体验。这些都取决于设计者的学识和修养,设计者需要通过自身的不同尝试和借鉴不同领域的艺术表现方法来丰富和拓宽表现力。

  所以希望读者能通过各种途径去感受时装画的艺术性,而表现手段则需要通过不断的练习和对比来提高。每个人的感受力和表达方式不尽相同,可以采取对个人来说最为适合的方式。

1.2 彩铅时装画所需要的工具

即便是使用单一的彩铅工具和常规的表现技法,也能绘制出完成度非常高的时装画作品。但是,如果要更为高效地完成作品,或是使画面效果更加丰富、更具艺术感染力,就需要综合应用多种工具,进行多元化的技法表现。

1.2.1 不同性质的彩铅

彩铅大致可分为水溶性和非水溶性两种。相比水彩、水粉、油画等需要辅助材料的绘画工具,彩铅是较便捷的选择。

普通彩铅

在不同的彩铅类别中普通彩铅是出现最为频繁的,它的铅芯偏硬,适合进行细节刻画,但考虑到覆盖性的问题,使用时应注意涂抹次数。普通彩铅的色彩较为鲜艳并且颜色梯度分阶大,使用方法可以参考素描绘画的表现手段。

水溶性彩铅

水溶性的彩铅属于功能较多的一类彩铅,可以直接干画、干画后加水晕染、磨成粉末溶于水绘制或者与其他材料一同混合使用。直接干画使用时的颜色鲜艳,有一定的覆盖力,笔触感会弱于非水溶性彩铅。溶水会有水彩画的效果。

水溶性彩铅有普通彩度和重彩之分:前者遇水后的色彩效果与干画时相比明度和饱和度要更高并且变得更加通透;后者的颜色牢固稳定,加水晕染可达到钢笔和水墨颜料强烈、鲜明和半透明的效果。重彩彩铅的铅芯较软,易于着色。

油性彩铅

油性彩铅为蜡质彩铅,色彩鲜艳,易于上色,有较好的覆盖性,可多色叠加使用。同时有多种硬度的铅芯可以选择:硬质铅芯非常适合细节刻画;中性硬度铅芯的画面效果较为写意;而软质铅芯的画面质感细腻、色彩密度高且稳定不易褪色。

色粉彩铅

色粉彩铅可以直接干画,也能溶于水,溶水效果与普通彩度的水溶性彩铅相似。色粉彩铅的铅质是松散的粉末状,适合作为前期色调的铺垫和肌理的表现,覆盖性较强,也适合与其他材料混合使用。

1.2.2 知名的彩铅品牌

彩铅的色彩细腻,不同品牌的彩铅会有一定的色差,笔尖的触感也有细微的不同,会对画面效果产生微妙的影响。好的彩铅色彩或艳丽或雅致,叠色效果好,颜色牢固。下面的一些彩铅品牌深受艺术家和设计师的喜爱,大家可以根据自己的需求进行选择。

得韵(DERWENT,英国)

得韵创立于1832年,是欧洲最为知名的画材品牌之一,彩铅是其享有盛誉的品种,有Artists、Watercolour、Inktense、Studio、Drawing、Coloursoft和Pastel等多个系列可供选择。

其中,Artists系列色彩明丽,质地细腻;Inktense系列的颜色非常艳丽,溶水后能形成彩色墨水的效果;Studio系列的笔芯透明度高,笔芯较硬,适合绘制细节;Pastel系列的粉质细腻,极易叠色。

得韵品牌的彩铅系列

施德楼(STAEDTLER,德国)

施德楼是欧洲历史最悠久的文化办公用品生产商之一。早在1834年,品牌创始人J.S.施德楼就发明了彩色铅笔。施德楼的彩铅选用优质的木材,手感极佳,色彩鲜亮、浓烈而润泽,深受专业画家和设计师的喜爱。

施德楼的水溶性彩铅

辉柏嘉（*Faber-Castell*，德国）

辉柏嘉创始于1761年，是欧洲最古老的工业企业之一。辉柏嘉的彩铅在笔尖中都加有SV胶，因此笔尖不容易折断。最值得称赞的是油性彩铅系列和水溶性彩铅系列。前者的质地细腻，色彩艳丽，容易叠色；后者的色彩鲜艳，但水溶后透明度稍弱。

艺雅（*Lyra*，德国）

艺雅的彩铅根据配色分为肤色系、灰色系、金属色系和伦勃朗色系。色彩非常和谐，附着力较强，笔尖有一定的颗粒感。油性彩铅的笔尖顺滑度和叠色效果都非常出色。

卡达（*Caran d'Ache*，瑞士）

卡达是瑞士制造的画材品牌，继承了瑞士品牌精细、温润、干净以及柔和的特点。卡达的彩铅质量非常好，其水溶性彩铅是全球公认的最好的水溶性彩色铅笔，质感细腻，透明度高，颜色干净漂亮；其油性彩铅色牢度好，颜色的附着力强且具有一定的覆盖力，颜色也非常漂亮。卡达是画材中的"奢侈品"，价格较为高昂。

荷尔拜因（*Holbein*，日本）

荷尔拜因在国内也被称为"浩宾"。该品牌创建于1900年，产品以西洋画材和传统日本画画材为主。荷尔拜因的彩铅也非常优秀，色彩考究，手感极佳，其特有的日本色系的色彩搭配非常清新。

三菱（*UNi*，日本）

尽管三菱以发明了圆珠笔而闻名于世，但其画材也拥有值得称赞的品质。三菱的彩铅色系极为齐全，色彩鲜亮艳丽。其中的"水彩色铅笔"初看平平无奇，水溶后效果极为惊艳。

三福霹雳马（*Prismacolor*，美国）

三福是美国最有名的画材供应商，霹雳马系列的色铅笔笔芯较软，易上色，顺滑度较好但颜色透明度较低。不过价钱不贵，性价比较高。

除了上述品牌，还有思笔乐（Stabilo，德国）、酷喜乐（KOH-I-NOOR，捷克）、樱花（Sakura，日本）、蜻蜓（TOMBOW，日本）、MUNHWA（韩国）、利百代（中国台湾）、马可（Marco，中国）和真彩（Turecolor，中国）等品牌的彩铅可以选择。

辉柏嘉的绿盒系列彩铅　　艺雅的伦勃朗油性彩铅　　卡达的水溶性彩铅　　荷尔拜因的水溶性彩铅　　三菱的水彩色彩铅

1.2.3 其他辅助工具

纸张：普通的70g或80g复印纸、水彩纸（可选用康颂品牌的系列专业水彩纸）、纸质较为厚实的速写纸和素描纸等，都可以用来绘制彩铅时装画。但要注意，太过光滑的纸张色彩附着力差，会影响叠色效果；太过粗糙的纸张容易"起毛"，会影响细节的刻画。

铅笔：铅笔一般用来起稿，较为常用的是2B和2H。施德楼、辉柏嘉、三菱、樱花等品牌的铅笔，笔杆木质较好，铅芯有一定的韧性，可根据个人习惯进行选择。

橡皮：选择质地较软的绘图橡皮可以避免在修改时损伤纸张。也可以准备一支笔形橡皮，用来修改细节。

卷笔刀或美工刀：彩铅最好使用卷笔刀来削，这样可以保护并节约铅芯。美工刀可以用来削出彩铅粉末，然后再用手涂抹或进行水溶，以进行大面积着色。

勾线笔：勾线笔用来强调轮廓或者绘制细节，在时装画中较为常用的是0.2、0.35、0.5和0.7等型号。也可以使用软笔尖的秀丽笔或储水笔勾线。

水彩：可作为大面积晕染的工具选择或者与水溶性彩铅配合使用。温莎·牛顿（Winsor&Newton，英国）、史明克（Schmincke，德国）、卡达、荷尔拜因、白夜（White Night，俄罗斯）、美利蓝（Maimeri Blu，意大利）、泰伦斯（Talens，荷兰）等画材品牌的水彩都拥有较高的品质。

马克笔：马克笔可以作为彩铅的底色，也可以覆盖在彩铅上使彩铅的色彩更鲜艳。TOUCH（韩国）、COPIC（日本）、美辉（Marvy，日本）、霹雳马、犀牛（Rhinos，美国）、Chartpak AD（美国）等品牌的马克笔都可以选择。

色粉：色粉棒可以作为大面积涂抹或是粗糙肌理的表现工具。施德楼、辉柏嘉、史明克、荷尔拜因、伦勃朗（Rembrandt，荷兰）等品牌的色粉深受专业人士的喜爱。

储水笔：在用水溶性彩铅绘制时装画时还会用到储水笔（也叫自来水笔），可以直接蘸水使用，也可以在笔管中蓄水。

砂纸板：用来将水溶性彩铅的铅芯研磨成粉末的工具。

1.3 彩铅的基本表现技法

彩铅的笔触细腻，叠色效果丰富，是绘制速度较慢的一类工具，初学者在使用彩铅作画时会有充足的思考空间。常用的彩铅表现技法有：平涂、叠色、水溶以及与其他材料混合使用等。

1.3.1 普通彩铅与油性彩铅的基本技法

普通彩铅与油性彩铅主要以控制笔触的变化为主，从用笔的轻重、方向，笔尖的尖锐程度和叠色的方式上加以改变，就能形成非常多样的效果。这两种彩铅效果相似，但油性彩铅笔触间的融合度较高，笔触相对柔和并且覆盖性较好，在叠色时能形成更为融合的层次感。普通彩铅的铅芯较硬，透明度较高，与油性彩铅相比更适合细节刻画。在下图示例中，上排是普通彩铅的绘制效果，下排是油性彩铅的绘制效果，相对比可以看出两者间细微的差别。

平行排线：油性彩铅的笔触融合性更强

平涂：普通彩铅的颜色较为清新，而油性彩铅的色彩则较为厚重

不同方向笔触的叠色：普通彩铅的透明度更高，叠色效果更加明显，而油性彩铅则具有一定的覆盖性

同一支笔，采用不同的用笔力度，颜色会有很大的变化

用马克笔画出底色，再用彩铅在上层加以叠色。马克笔和彩铅都属于透明性质的材质，能够比较自然地融合在一起

1.3.2 水溶性彩铅的基本技法

水溶性彩铅可以溶水绘画也可以直接干画，其在不同的纸质上会呈现出不同的效果，下图中左侧使用的是素描纸，右侧图为普通A4纸。

在素描纸上，先平涂再加水晕染开。平涂不宜过厚，然后用水彩笔或是用较为便利的储水笔进行晕染，形成自然的色彩过渡

在普通A4纸上用水溶性彩铅进行平涂与叠色，其效果与素描纸的效果相差不大

普通A4纸上的水溶效果，水色融合不够充分，效果难以令人满意

在素描纸上进行接色，平涂时就要将两种颜色进行融合，再用水进行晕染。晕染时要顺着同一方向一次性涂抹

在普通A4纸上与马克笔混合使用的效果，可以形成较为丰富的层次感

水溶性彩铅还可以采用"水上湿画法"，即先用水来"限定出"着色的范围，再将磨成粉末的彩铅融合在水里，就能得到一种特殊的效果。绘制时要注意控制好用水量，水量过少颜色则会干得过快。绘制时要一次性完成，以达到所需的效果。

Step01　使用砂纸板研磨细腻的彩铅粉末。

Step02　在纸上用水画出图案的形状。

Step03　轻轻敲打砂纸版，让铅芯末均匀地落在水中。

Step04　添加铅芯粉末的多少可以控制色彩的浓度。

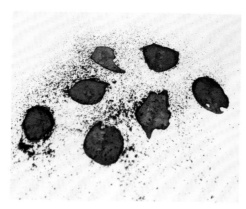
Step05　等待铅芯溶于水并干透。

Step06　吹掉多余的粉末，留下想要的图案。

1.3.3 色粉彩铅的基本技法

色粉彩铅铅芯的密度较低，有一定的颗粒感，不适合刻画细节但适合粗糙肌理和边缘模糊的面料的描绘。色粉铅芯易浮于表面，粉质易脱落，但可多次涂抹、叠色，形成柔和厚重的视觉效果。水溶性的色粉彩铅可干画也可湿画。

干画：将色粉铅笔均匀涂抹或涂抹后用擦笔揉开，可画出粗糙或起绒的效果

叠色：色粉铅笔可涂抹后作为底色铺设，再继续叠加颜色，使颜色更深

混色：色粉铅笔含有较重的粉质，两种颜色完全混合后颜色会变灰，这种情况在混合对比色时尤其明显

渐变接色：用擦笔涂抹前两种颜色的交汇处，或从一种颜色向另一种颜色推画，会形成较为自然的过渡

湿画法：用水溶性色粉铅笔平涂底色，再用马克笔叠色，也可以用水彩笔或储水笔平涂，形成润泽的笔触。若希望达到均匀的效果，绘制时需避免来回涂抹

肌理感：平涂后再用彩铅画叠加鲜明的笔触，表现出肌理或图案

1.4 材料的综合运用与肌理表现

彩铅与不同材料混合使用，可以更高效地达到理想的预期面料效果。在选择绘画材料时需考虑好适合表现想要肌理的材料或材料组合。

1.4.1 几何形图案

这类图案有明显的规律性，单个元素不断重复形成特定的图案效果。在绘制时要确保单个元素的大小和形状基本一致。要重视图案元素的组织和排列方式，因为这直接关系到绘制的步骤。

方格纹（普通彩铅与马克笔的综合运用）

普通彩铅的透明性，使其无法覆盖住马克笔。要表现出前后关系，笔触须断开，而不能重叠。

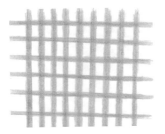

Step01 用彩铅绘制出单一的十字编织图案。

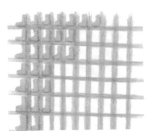

Step02 用马克笔描绘下层图案，马克笔的笔触要断开，不要覆盖在彩铅上。

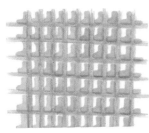

Step03 继续绘制直至完成。

菱纹（色粉彩铅与马克笔的综合运用）

色粉的覆盖性强，适合二次绘画。在绘制图案时要注意图案和底色的搭配。

Step01 用马克笔平铺一层底色。

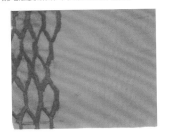

Step02 底色干透后直接用削尖的色粉彩铅绘制图案。

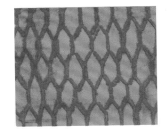

Step03 描绘图案直到铺满底色。

1.4.2 编织图案

编织图案的纹理更加复杂多变，可以看做是几何形图案的叠加。在绘制时要注意图案的主次关系。

格纹（马克笔、色粉彩铅与普通彩铅的综合应用）

马克笔的色泽比彩铅更为鲜亮，因此马克笔绘制的部分会成为图案的视觉重心，而色粉的覆盖性可以缓和马克笔带来的视觉冲击力。

Step01 用马克笔绘制出纵向条纹。

Step02 用普通彩铅绘制出横向编织。

Step03 经纬交织处用色粉彩铅覆盖。

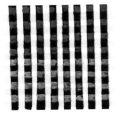

Step04 色粉铅的覆盖性越强，越利于减少步骤重复。

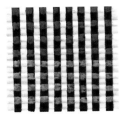

Step05 用较深的灰色描绘立体效果。

色织格纹（色粉彩铅与普通彩铅的综合应用）

色粉彩铅可以绘制出柔和的底色，而普通彩铅能够绘制出微妙的细节。

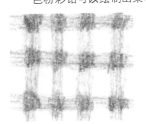

Step01 用色粉彩铅绘制出格纹的大致分布情况。

Step02 再用擦笔制作出朦胧的效果。

Step03 然后，用普通彩铅描绘纵横向的单线颜色。

Step04 接下来用另一种颜色的普通彩铅描绘横向的辅助线。

Step05 最后绘制纵向的辅助线，完成绘制。

1.4.3 皮革

皮革面料一般质地比较厚实,光泽也比较润泽。在绘制时可分为两大类:无肌理和有肌理。有肌理的皮革一般更加厚重,光泽度会因为肌理而减弱。

鳄鱼皮(色粉彩铅与普通彩铅的综合应用)

在这个案例中,色粉彩铅仍作为整体铺色,普通彩铅则用于刻画细致的纹理。需要注意的是,因为普通彩铅的透明性,因此纹理的提亮还需要将色粉彩铅削尖后仔细绘制。

Step01 色粉彩铅绘制整体颜色,注意皮质光泽的留白和起伏的明暗。

Step02 用擦笔涂抹色粉底色,形成柔和的过渡。

Step03 用普通彩铅叠加出格子般的肌理。

Step04 纹理的亮部仍然用色粉彩铅提亮。

小牛皮(油性彩铅、水溶性彩铅与马克笔的综合应用)

案例表现的是小牛皮或羊羔皮一类质地柔韧的皮革。与有纹理的皮革比较起来,其反光较强,褶皱也更加明显。

Step01 用水溶性彩铅绘制亮部的浅灰色。

Step02 用水溶性彩铅描绘暗色部分,再用同色的马克笔进行叠加,这时水性的马克笔会使水溶性彩铅溶解,使颜色更深。

Step03 暗部的灰色部分用油性彩铅来描绘。注意皮革上沿着褶皱形成的区域性的高光和反光。

Step04 增加中间的过渡色,表现出皮革的润泽感。

1.4.4 有光泽的涂层面料

这类面料质地比较光滑、柔韧。在绘制时要注意大的明暗关系和褶皱的体积感,区别对待高光和反光,不要因为过于重视对光泽度的表现而破坏了面料的整体效果。

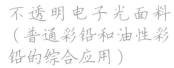
半透明电子光面料(普通彩铅和油性彩铅的综合应用)

案例表现的是具有电子光感的半透明材质,这种轻薄面料的反光和暗部的分界线较为分明,且在色相上会有较大的变化。

Step01 用明度高的亮色绘制受光部分。

Step02 勾画暗色轮廓并用较深的普兰着色。

Step03 深入刻画明暗交界处的颜色,衬托出反光部分。

不透明电子光面料(普通彩铅和油性彩铅的综合应用)

案例表现的是具有电子光感的不透明材质,这类材质的明暗面差异非常大,明暗交界线也很明显。

Step01 用普通彩铅平铺亮部颜色。

Step02 用油性彩铅绘制暗部,亮部和暗部分界十分明显。

Step03 用普通彩铅略微加深亮灰面,丰富画面层次。

Step04 进一步加深沿轮廓及明暗交界线。

1.4.5 皮草

皮草的形态多变，毛皮的疏密、长短和曲直都会形成不一样的外观。在表现时注意两点：一是对图案的表现；二是对体积感的表现。

带印花的绒面材料（马克笔与色粉彩铅的综合应用）

马克笔能够快捷地绘制出图案，而色粉则用于对绒面质感的表现。这类短绒的面料不需要专门地绘制毛针，主要依靠绘制材料的特点来表现出起绒感。

Step01 用铅笔简单勾画出大致图案。　　Step02 用马克笔铺整体颜色。　　Step03 用色粉绘制较浅颜色，表现出起绒质感。　　Step04 用色粉铅笔勾画深色边缘，表现出粗糙质感。　　Step05 点缀及覆盖斑点状花纹。

小羊羔皮（色粉彩铅、擦笔与油性彩铅的综合应用）

小羊羔皮的特点是皮毛的弯曲度非常大，在表面形成一个个毛卷。在表现时要注意每个毛卷的体积感。大面积小羊羔皮可直接用色粉来绘制。

Step01 用铅笔勾画出羊羔毛的纹理走向。　　Step02 用色粉彩铅快速绘制出毛卷的暗部，并用擦笔将色粉推开。　　Step03 用颜色较深的油性彩铅排列出每个毛卷上毛丝的倒向。　　Step04 在排列毛丝时，要注意毛卷间的前后遮挡关系。

无针皮草（色粉彩铅与擦笔的综合应用）

貂毛、兔毛等皮草的毛丝细且软，过渡柔和，没有明显的毛针。在表现时更多的是注重皮草的整体感，并依靠工具本身的特性来表现材质的质感。

带针的皮草（色粉彩铅、擦笔与油性彩铅的综合应用）

狐狸毛、貉毛等皮草的毛针较长，会形成较为丰富的色泽。在绘制时除了对皮草整体体积感的把握外，还要通过对皮草边缘及层次感的刻画来表现毛针，以突出这类皮草的特性。

Step01 用色粉彩铅绘制皮草中央的深色部分。　　Step02 用擦笔将色粉涂抹散开，形成柔和过渡。　　Step03 从中央深色部分沿毛丝走向进行二次叠色，形成深灰和浅灰的过渡。　　Step04 再次利用擦笔将不同灰度的颜色进行混合，表现出绒毛的质感。

Step01 用色粉彩铅沿毛丝方向绘制出主色，以及色彩之间的穿插过渡。　　Step02 用擦笔混合多色，使色彩柔和过渡。　　Step03 用色粉彩铅二次上色并有选择性地用擦笔涂抹色粉。　　Step04 用油性彩铅勾画出深色皮毛的走向。　　Step05 对皮草不规则的轮廓进行刻画，并丰富颜色和层次。

1.4.6 褶皱

不同的面料会对褶皱的形态产生很大的影响，尤其是运用了各种工艺手法的褶皱，会形成极为复杂的纹理。在表现褶皱时，这两个要素都需考虑在内。

半透明薄纱面料（普通彩铅和油性彩铅的综合应用）

面料的透明度需要通过对层次感的刻画来表现。因为褶皱形成的交叠越多，颜色就越深。褶皱的边缘轮廓也需要适当进行强调。

Step01 勾画面料轮廓。

Step02 从最浅的层次开始逐层上色。

Step03 画出多层重叠颜色，再次描绘面料边缘。

白色平纹面料（马克笔和普通彩铅的综合应用）

平纹面料会产生比较细碎的褶皱，在绘制是要注意取舍，并注意微妙的色彩过渡。

Step01 铅笔勾勒出基本轮廓。

Step02 用浅色的马克笔铺出褶皱的明暗关系。

Step03 最后用彩铅加深阴影，表现出褶皱的立体感。

针织面料（油性彩铅和马克笔的综合应用）

案例表现的是针织罗纹，严格说来不算是褶皱，而是因为纱线圈套形成类似细压褶的纵向纹理。在绘制时强调其规律的凹凸感，避免过度陷于细节刻画。

Step01 用马克笔铺一层整体底色。

Step02 用油性彩铅画出纹理的大致走向。

Step03 用更尖锐的铅芯描绘细节。

压褶面料（油性彩铅与马克笔的综合应用）

压褶是一种定型褶皱，会形成较为规律的变化。案例中的画法，适合表现大面积的压褶。

Step01 用铅笔快速勾出大概的褶纹。

Step02 用马克笔平铺底色，并按褶皱的形状绘制出明暗深浅。

Step03 用油性彩铅强调出褶皱的轮廓。

绗缝面料（马克笔与油性彩铅的综合应用）

绗缝是一种工艺手法，主要用于有填充物的面料，起到固定填充物的作用。绗缝面料主要是对缝线和细碎褶的表现。除了使用案例中的方法，还可以使用蜡质强的画笔先画出缝线，再用水彩覆盖的方法来表现。蜡质的缝线会自然将水排开。

Step01 用马克笔铺出底色。

Step02 用深色绘制出绗缝产生的褶皱，留出白缝线。

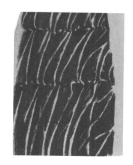
Step03 用油性彩铅描绘缝线凹陷的细节。

Chapter

时装画中的
人物与服装

2.1 时装画中的人体表现

作为服装的"支架"，人体的重要性不言而喻。时装画中的人体，是比现实生活中更为理想化的人体。在表现时，需要结合比例、结构、重心和动态等几方面、塑造出和谐、优美的人体。

2.1.1 人体比例

时装画中的人体比例普遍为8头身和9头身。一个头身即以一个头长为测量单位，测量从头顶到脚后跟的长度。

时装画使用的模特造型会与实际人体形象有所不同，出于画面效果的考虑，人体各部位的比例会相应变形。如有些特别需要强调裙摆设计的时装画就会夸张腿部的长度；也有为体现着装的人物形象把模特造型描绘的极其消瘦等。变形的程度取决于设计师的个人喜好，但要尽可能地符合视觉审美。这些变形都基于基本的人体比例，因此对基础比例的掌握一定要到位。

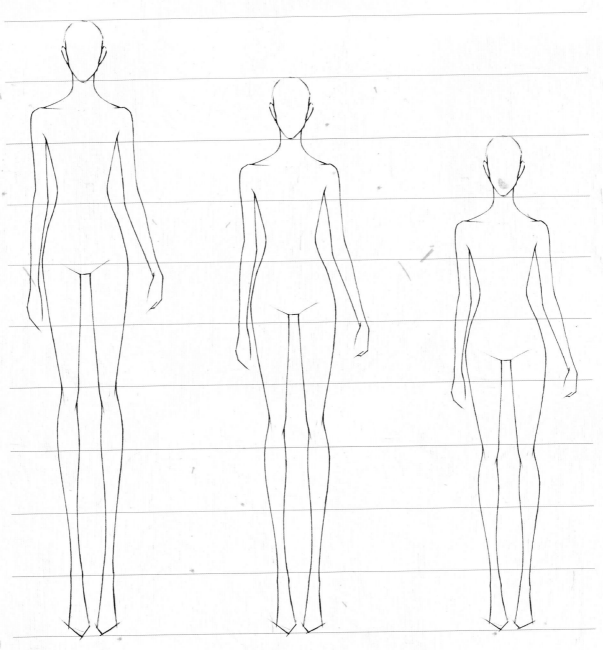

日常的人体比例和时装画中常用的人体比例

2.1.2 人体的结构

人体的起伏微妙,结构相当复杂。作为初学者,在学习表现人体时,可以将人体拆分为不同的"部件"逐一攻克,最后再将其组合起来。

头部结构

头部是时装画中人物表现的重点。头部可以塑造出人物的面貌形象,发型、妆容和头饰都是依附于头部结构的。建议读者可通过一些人体结构解说详细的相关书籍了解人体。时装画中常用的有三个角度的头部形象,分别为:正面、正侧面及3/4侧面。

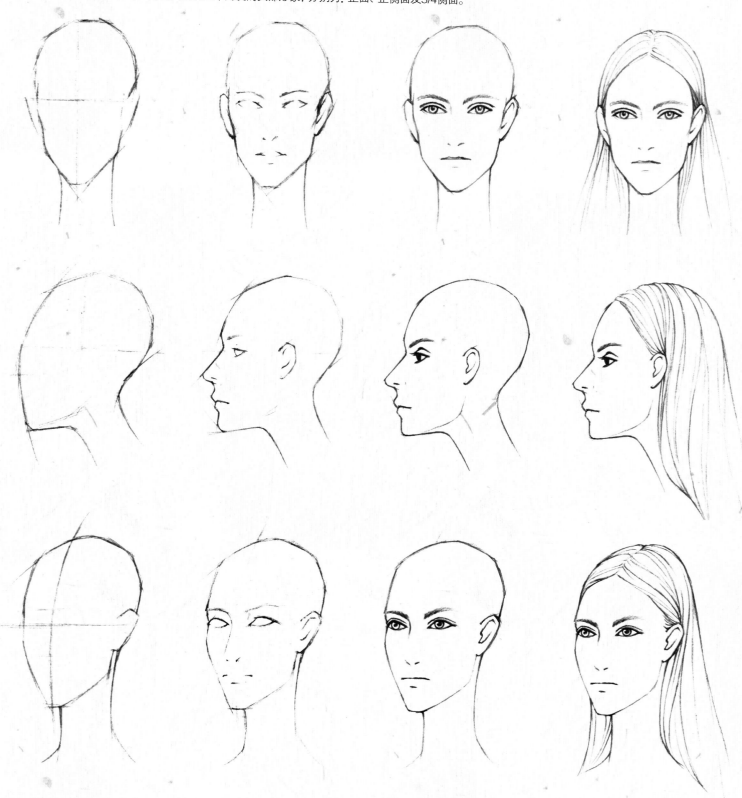

Step01　画头部的外形轮廓。标出人中线的位置和眼睛的位置线。

Step02　确定五官的位置。注意三庭五眼的五官位置比例,再进行特征调整。

Step03　描绘具体的眉毛、眼睛、口鼻和耳朵。

Step04　顺着头发的走势设计发型;不同的发型效果体现在笔触和从头部的延伸距离上。

躯干结构

　　人体躯干是承载服装的主要部分，了解躯干的立体结构对进行造型设计尤为重要。在平面画图像的表达中，须认识到躯干的每个部位对面料起伏所产生的影响以及躯干运动时会出现的褶皱变化。图中所示的人体结构转折线会影响实际服装制版的操作。服装的实际造型与服装和躯干的空间距离有着相当大的关系。决定服装造型的关键部位为：肩点、胸点、胸围线、腰围线、臀围线与大腿根的位置等。

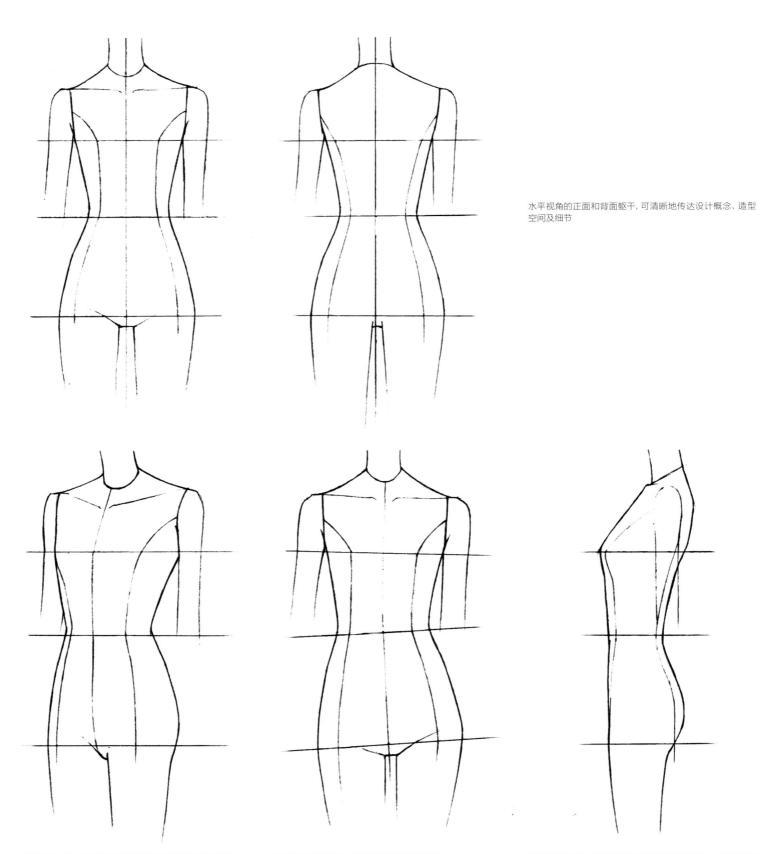

水平视角的正面和背面躯干，可清晰地传达设计概念、造型空间及细节

3/4侧面的躯干，要注意透视以及躯干和手臂的前后关系

正面有动态的躯干，要注意肩部与臀部的扭动

正侧面的躯干，手臂会对躯干产生较多的遮挡，一般用于展示侧面有特殊设计的服装

手与手臂结构

手臂结构从肩部开始分为上臂、肘部、小臂、手腕和手掌，强调服装袖子、对手臂结构的形态设计、首饰或手袋时，可选择自然下垂、运动摆臂状态或是叉腰的动作等。手部分为手掌和手指，通过腕关节与手臂相连。手腕和关节的协调运动能展现不同的手部"表情"（留意关节的运动规律）。

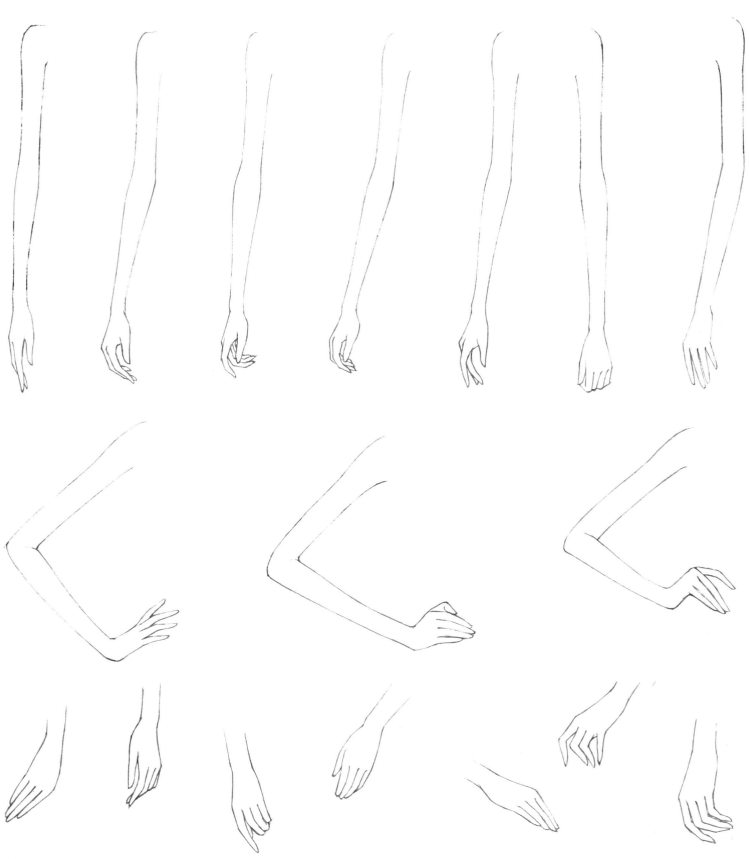

手臂与手的各种动态

腿与脚结构

　　腿部在人体比例中占据了大部分位置，是支撑人体重量的部位。人体的站立、行走等动态主要是通过腿部表现的。腿部的长度比例会改变人体模特的视觉效果。在绘制时要注意，腿部因为关节的结构，在不同的角度会形成的微妙的弯曲，而非单一的直线。脚则由脚跟、脚掌和脚趾构成。在绘制时装画时，鞋跟的高低决定了脚的透视以及鞋面造型。

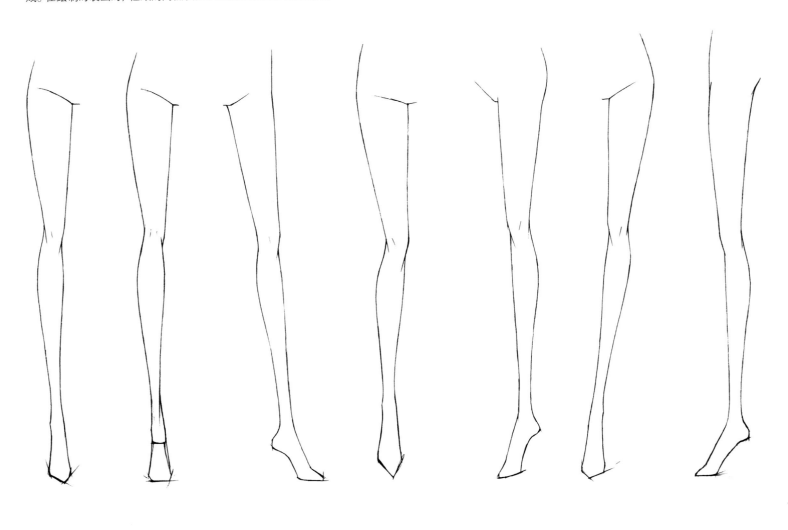

腿与脚的各种动态

2.1.3 人体动态与运动规律

在时装画中,人体动态主要用于对服装的展示。我们可以根据服装的造型来选择既具有动感,又对服装产生较少遮挡的动态。动态主要因身体的扭转而产生,四肢则要通过运动对身体进行支撑,使全身动态达到平衡。

重心

在运动的同时,人体的重心会发生变化。骨骼的倾斜和肢体的协调运作才能确保正常的站立和行走。不论肩与胯怎样倾斜(方向相同或方向相反),寻找重心的方式是不变的,即通过锁骨中点的垂线,就是重心所在。

现实中,一些不符合重心规律的动态是存在的,不过多为瞬间动态。

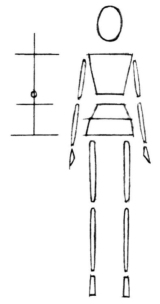

双腿承重的直立姿势
肩部与骨盆处于平行状态,两腿同时承担身体的重量

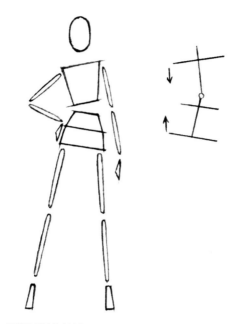

双腿承重的站立姿势
肩部与骨盆都产生了动态变化,倾斜的方向相反,但仍由两条腿共同支撑身体的重量

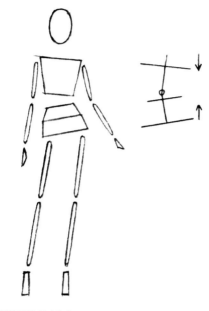

单腿承重的站立姿势
肩部和骨盆一高一低,左肩点向下倾斜、左侧骨盆则向上倾斜,左脚承担大部分重量

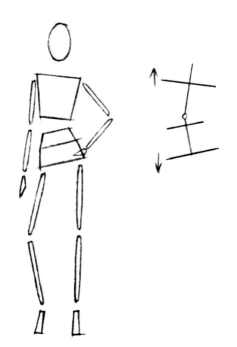

单腿承重的站立姿势
肩胯倾斜的方向不同,一腿承担主要重量

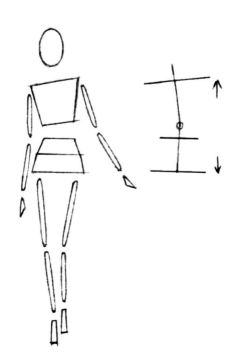

单腿承重的行走姿势
肩线倾斜,臀部基本保持水平,步幅较小。不同侧的手臂和腿部交替摆动

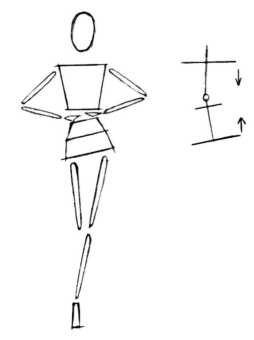

单腿承重的行走姿势
肩部和臀部向相反方向摆动,步幅较大

双腿承重的直立姿势的画法

这是所有动态中最为简单的。肩线、腰线和臀围线保持水平，重心线就是人体的中心线，且中心线两侧的身体完全对称。如果觉得这种姿势过于呆板，可以在手臂上加入一些动态变化。

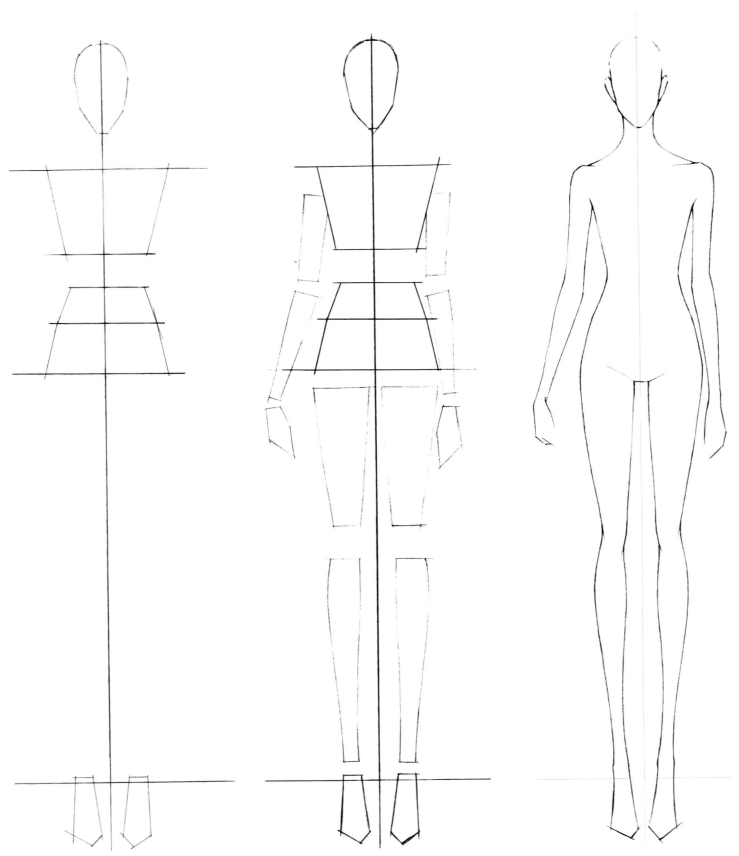

Step01　绘制人体的中心线，确定出肩线、腰线、臀线和脚踝的位置，然后用简单的几何体绘制出头部、胸廓、臀部和脚的大形。

Step02　确定出肘关节、腕关节、膝关节和踝关节的位置，并用几何形体概括出四肢。

Step03　用柔和的曲线绘制出人体的外轮廓。

单脚承重的站立姿势的画法

这类动态中身体重量主要由一条腿承载，另一腿起辅助支撑作用。其表现规律是：主要承担身体重量的腿会呈现出紧绷的状态，胯骨向承重腿方向抬起，另一条腿相应放松。重心落在承重腿或承重腿附近。肩部可以保持水平，也可以和髋部向相同或相反的方向倾斜。

Step01　绘制人体的重心线，重心线落在承重腿附近。确定肩线、腰线、臀线和脚踝的位置，同时注意肩线和臀线的方向。用简单的几何体绘制出头部、胸廓、臀部和脚的大形。

Step02　确定肘关节、腕关节、膝关节和踝关节的位置。在透视不太大的情况下，膝关节的连线和踝关节的连线一般与臀围线平行。然后用几何形体概括出四肢。

Step03　用柔和的曲线绘制出人体的外轮廓，注意手臂和身体之间的遮挡关系。

单腿重心的行走姿势的画法

在行走时，往往有一条腿会离开地面，因此身体的重量仅由一条腿承担，行走姿势的重心是落在承重腿上的。行走会产生较大的透视，这是绘制的难点。行走时，手臂也会相应地摆动，使整个动态更加和谐。

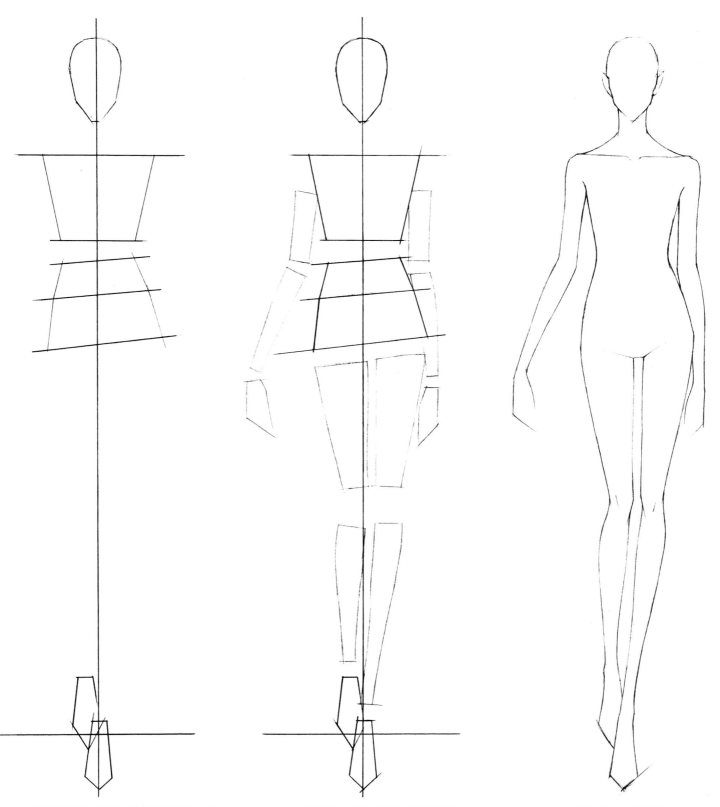

Step01 绘制人体的重心线并用简单的几何体绘制出头部、胸廓、臀部和脚的大形。重心线落在承重腿上。肩线和臀线的方向与上一个案例相同，但因行走产生的透视，双脚呈前后交叠状。

Step02 确定出肘关节、腕关节、膝关节和踝关节的位置并用几何形体概括出四肢的形状。因为透视的关系，后方抬起的小腿会明显变短。

Step03 用柔和的曲线绘制出人体的外轮廓，注意手臂、身体和双脚之间的前后关系。

运动规律

　　人体的运动是以关节为中心而展开的，或是倾斜，或是扭转。了解人体的基本运动规律有利于绘制人体造型，以及体会面料在人体运动时所产生的褶皱的原因。

　　在绘制时装画时，肢体动作的设定需要表现出画面中的设计点。不仅肢体动作可以带动服装，相反不同的服装类型对人体运动也存在某种程度上的约束力。

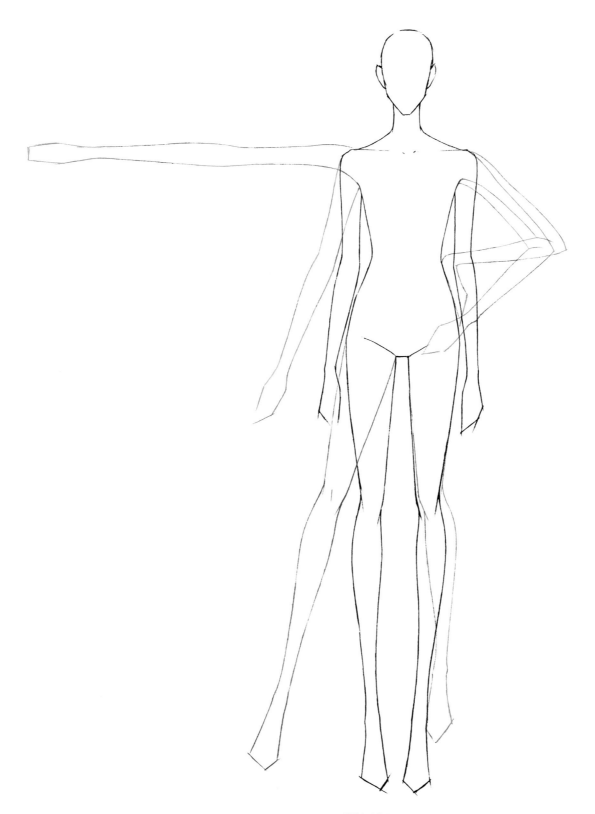

关节与人体的运动

时装中的常用动态

　　下图中所提供的动态，是时装画中的一些常见动态，基本上可以用于各种常规服装的展示。初学者可以多进行临摹，或是将其作为人体模板，然后进行一些动态的局部变化。

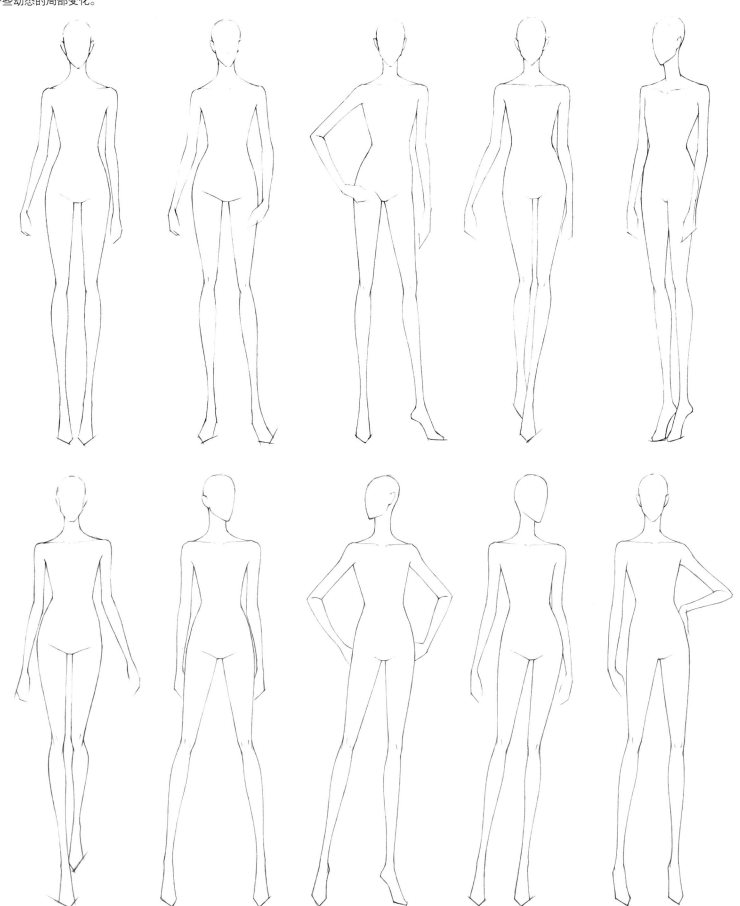

2.2 时装画中的服装表现

服装是时装画中的另一表现重点。从廓型到款式，再到设计细节，服装上的每一处创新都是设计师最为津津乐道的话题。但首先需要掌握一定的绘制技法，将设计意图和理念通过图纸，清晰地传递出来。

2.2.1 服装与人体的关系

服装最终是要穿在人身上的（少数的创意时装除外），因此我们的设计活动是围绕着人体与服装的关系展开的，这一点在绘制最初的设计图时就应该体现出来。服装与人体的关系，从空间上来看就是服装的廓型与松量，从运动规律上来看就是褶皱的产生。

服装的廓型

服装廓型是服装的外缘线图形，也可以用剪影的方式去理解。根据面料与人体颈肩、腰部、胯部及腿部间的空间距离来设计服装廓型。在艺术语言表达中用图形和字母可形象化地传达出廓型的信息，而在设计联想中服装廓型也是较早出现的基本形态，接下来的细节设计可以在基本廓型中进行变化。

服装的廓型变化

服装的松量

　　松量是服装与人体之间的距离，基本可以分为两大类：非必须的松量和必须的松量。非必须的松量主要取决于服装的造型设计，而必须的松量则是因为人体运动，人体和服装之间所必须具有的空间。

　　必须的松量的大小受到几个因素的影响：面料的选择、各部分的尺寸选择以及肢体支撑的方向。其中影响最大的是面料的选择，由于面料本身的性质各异，有的不易受外力的改变具有高强的挺度、有的透薄轻盈在运动中可更好地表现质感、还有的具有高弹性紧贴人体等，我们可综合以上要素来绘制设计图。

　　除了弹性面料，其余多数面料都需为人体运动预留一定的松量。

　　正因为面料与人体有一定的距离，所以人体可以在服装中活动。但是面料与人体间的距离并不是均匀分配的，面料因重力影响下垂或是受到动作的影响，服装与人体间的距离会产生一定的变化。以叉腰的手臂为例：手臂外侧紧贴面料，内侧获得空间转移；倒梯形般的胸腔结构和胸部凸出支撑使胸下和腰部产生空间。

图中模特衣着面料设定为不具明显伸缩性的普通材料，模特穿着的服装均为合身的基本尺寸，从图例中可以看到服装松量与人体的关系

人体的运动与褶皱

面料褶皱有出于设计目的通过压褶或立体塑造等工艺手段而产生的,也有随着人体的倾斜、转动和扭转而受力产生的。褶皱的数量和大小取决于运动的幅度、面料性质、面料造型以及人体和服装的空间关系。设计图中褶皱线条的描绘往往传达着面料特征;同理,通过褶皱也可体现出设计师的用料选择。

注意要将因运动受力产生的褶皱和面料设计所产生的褶皱以及因重力作用产生的褶皱区分开来

2.2.2 服装的款式表现

服装的款式极其多变，款式与款式的组合更是令人眼花缭乱。与其从不同的服装单品入手研究服装的款式，不如依旧从服装与人体的关系着手，再逐步扩展。

紧身服装的表现

这类服装贴合人体，顺着人体的起伏而变形。服装的胸围量在基本运动量的基础上，少于或等于实际维度。

细针织类

所有的针织类服装都具有一定的弹性，但是细针织一般都会采用一定比例的弹性纤维（如氨纶），使服装能够紧贴人体，并随着体型和动作收缩、拉伸。

内衣类

内衣一般也采用有弹性的针织面料，内衣的尺寸一般较人体的实际尺寸略小，其结构符合人体骨骼和脂肪造型，能起到调整塑形的作用。

泳衣类

与内衣类性质相似，不过面料一般更为厚实且耐磨。

合体服装的表现

多为单衣类服装类型,在胸围上增加少量的松量,与人体有少量空间,符合人体造型并达到舒适的程度。

针织类

这类服装一般采用纱线较粗的针织面料,柔软的质地使服装的线条显得非常柔和。在表现时要注意这类服装褶皱较少且较粗。

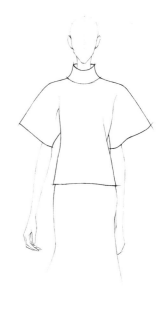

衬衣类

面料质感一般较薄且有一定的挺括度,在结构的转折处会有一定的棱角。褶皱比较细小且琐碎,在表现时要注意取舍。

西装类

面料质感虽然柔软但不失挺括,而且褶皱较少。尤其是合体修身的套装类,因为板型较强地抱合人体,所以给人"西装笔挺"的印象。

半合体服装的表现

这类服装多为外衣类,服装的一些局部与人体间的空间较大,比较容易形成具有"体块感"的造型。

夹克类

夹克类服装与人体的空间主要集中在腰部,即箱形的不收腰结构是这类服装的常见款式,多使用质地较厚的挺括面料,给人造型硬朗的感觉。服装的褶皱根据具体的面料而定,但一般褶皱较少,且较短。

外套类

外套类服装在胸、腰、臀等部位留出更大的空间,不仅要容纳里层衣服,还要保证人体的活动量。一般面料的质感较厚重,几乎无褶皱。

针织类

在当前,很多针织类服装也被用做外衣。半合体类型的针织服装往往面料组织松散,织线较粗,外观较为厚重。褶皱主要为受重力影响堆积的衣纹,其线条较为柔和。

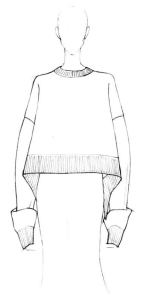  

不合体服装的表现

这类服装与人体之间有较大的空间。这些空间有两种作用,一是保证较大的活动量,如专业性的运动;二是可以进行造型,使服装脱离人体,形成特定的外观。

运动装类

这类服装除了使用有弹性的面料外,还要人为增加松量,尤其是肩、腰、手臂等部位。为了便于运动,下摆和袖口处往往会收紧。款式以套头衫、开衫类居多。褶皱的线条较为柔和。

夹克类

不合身夹克的设计感较强,如夸张的袖型或极宽松的胸围放量。面料质感挺括,线条明朗,衣纹表现为少而纵长的褶皱。

外套类

不合体外套多为秋冬季外套或有特殊造型的外套。服装远离人体,且立体造型感强,不易受动作影响而变形。

2.2.3 服装的局部造型

如果说廓型与款式设计是从"宏观"入手，那么局部造型就是从"微观"入手。局部造型能对廓型起到完善的作用，也是体现设计师"灵感点"的所在。在商业设计中，对局部造型的设计更加重要。

领部的造型

除了简单的领高、领深、领型，更重要的体现是在对颈部四周空间的控制。注意，不同的材料，可以通过粗细不同的线条来表现。

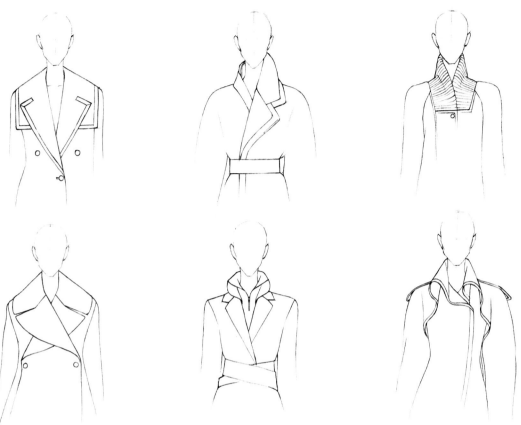

肩部的造型

肩部的造型是很多初学者容易忽略的部分，特殊的肩部造型会令人有种耳目一新的感觉。肩部的造型一般会偏离实际肩部的位置，多选择质地硬挺的材料，在表现时要用挺括的线条来描绘，使整体造型相对明朗。肩部造型的夸张程度是以服装与肩部的距离来体现的。

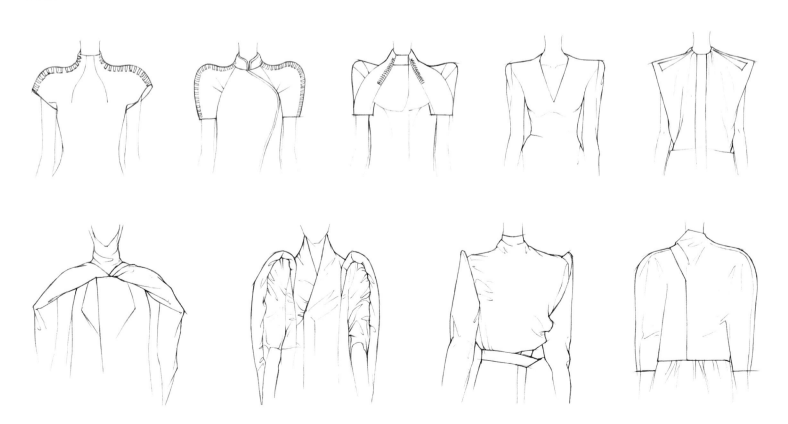

臀部的造型

臀部及腿部面积在人体中所占比例较大, 造型设计的最终视觉效果呈现也是非常明显的。尤其是臀部, 受到其他肢体的影响较少, 会存在更多或更夸张的设计可能。如一些强调裙摆的设计, 就可以考虑着重在臀部进行造型。

Chapter

不同类型彩铅

STEP BY STEP

完全表现

3.1 普通彩铅的时装画表现

普通彩铅是所有绘画工具中，最容易掌握的工具之一，也是初学者入门的首选工具。普通彩铅不仅色彩繁多，而且混色容易，用来绘制时装画时，能很好地表现出柔和的色彩、细腻的笔触和丰富的层次。需要注意的是，普通彩铅的色彩较为透明，一般两到三次叠色才能够形成比较丰富的色调。很多初学者很难用普通彩铅绘制出完成度较高的时装画，一方面是因为怕弄脏画面而不敢进行叠色；另一方面则是对用笔力度的控制不够，无法形成丰富的层次。这两个问题，都需要通过大量练习来改进。

3.1.1 普通彩铅的表现步骤

普通彩铅的透明度较高，因此在起稿时，应尽量保证画面干净、清爽，在着色时最好先将不必要的辅助线擦除，以免影响着色效果。

尽管叠色和混色是普通彩铅最常用的技法，但是叠色和混色的次数过多，会影响色彩的透明度，颜色也会变脏，绘制时一定要把握好度。普通彩铅的色彩，可用橡皮擦除，但是不能完全清除。同时，还要避免多次擦除，否则会损坏纸张。

Step01 在肩线、腰线和臀线等辅助线的帮助下，简单起草人体模特的基本动态。

Step02 勾画大致的造型轮廓，包括服装、首饰、鞋包等配饰，标示出五官的大致位置。

Step03 擦除不必要的辅助线，清晰地表现出服装的款式，将主要的衣纹表现出来。

Step04 绘制脸部及颈部的肤色，平涂绘制即可。

Step05 选择同色系的深色，描绘脸部和颈部的投影，表现出立体效果。

Step06 绘制眼部的妆容。本案例表现的是较为自然的妆容，用同色系的深色绘制眼影，再描绘出眼线。

Step07 绘制唇部妆容，可选择较浅的红色系并与眼影色彩相呼应。

Step08 用浅灰色打底，绘制出头发亮部的颜色。

Step09 用深灰色绘制头发的深色部分，大致勾勒出发丝的走向，表现出头部的立体感。

Step10 绘制腿部和脚部肌肤的亮部颜色。

Step11 用较深的颜色描绘腿部和脚部的暗部，膝关节和踝关节要重点刻画。服装下摆和鞋在皮肤上的投影也要表现出来。

Step12 绘制首饰时可先从亮部画起，高光部分注意留白。

Step13 加深首饰的暗部颜色，通过渐变过度描绘出球体的立体效果。

Step14 开始绘制服装，为了避免画面被蹭脏，可以按从上往下的顺序绘制。先从领子开始，领子为绒面材料，上色时过渡要柔和。

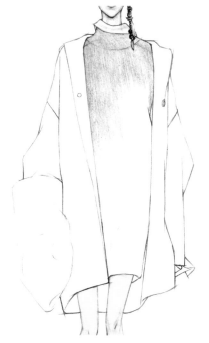

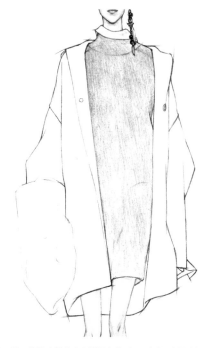

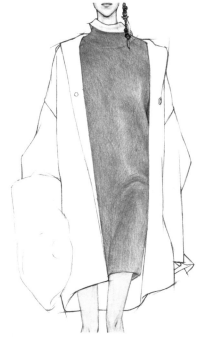

Step15 绘制内搭的羊绒质感连衣裙，先铺出底色，为了表现出羊绒质感，要注意笔触的方向性。

Step16 将连衣裙的底色铺设完毕，标示出主要的褶皱。

Step17 用羊绒裙的主题色进行叠色，注意笔触不要过于密集，要适当透出一部分底色。描绘出羊绒面料产生的衣纹，色彩过渡要柔和。

Step18 用深灰色描绘连衣裙的缝合线，在强调缝制手法的时装中，缝合线需重点表现出来。

Step19 表现出其他部位明显的缝制特征。

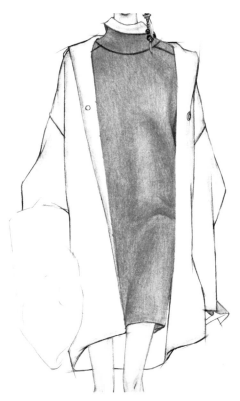

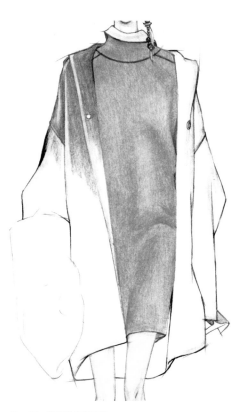

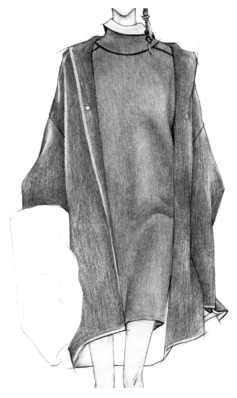

Step20 外套为双面呢，这种面料的毛边收整后会有明显的突起效果，边缘铺上较亮的颜色。

Step21 绘制外套的主色。

Step22 颜色较深的服装，在铺色时就可以通过对用笔力度的控制，表现出阴影的深浅，使服装具有立体感。

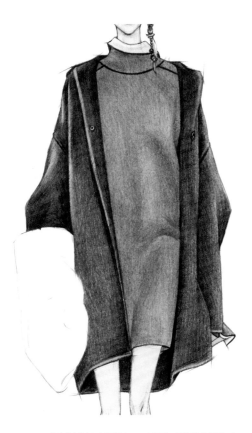

Step23 由于普通彩铅的颜色密度较低，可以根据需求二次铺色，以表现出服装厚实的质地。在二次铺色时，注意不要破坏已有的明暗关系。

Step24 绘制外套的暗部颜色，可用同色系的其他深色来描绘丰富的效果。

Step25 最后描绘外套的图案。

Step26　从最浅的颜色开始绘制皮草面料，高光部分留白处理，要注意表现出皮草的体积感，在用笔上以参差的短线为主。

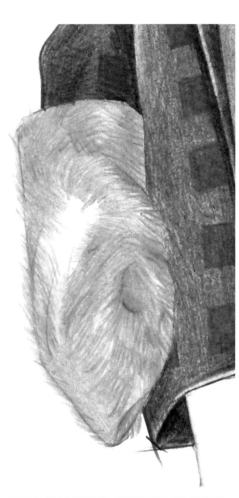

Step27　用深色覆盖浅色，并逐层描绘出皮草的层次感。

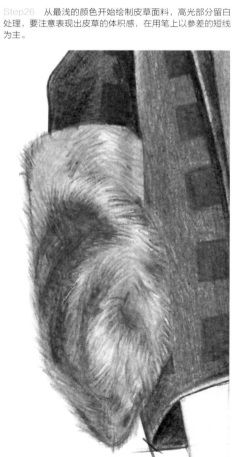

Step28　并非每个部分都要细致刻画，局部阴影部分可以忽略笔触，平涂出色调即可。

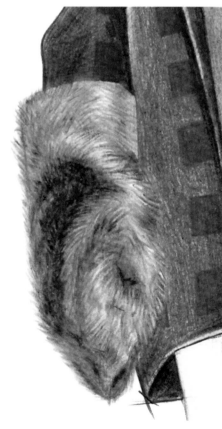

Step29　描绘最深的阴影，顺着皮毛的走向和整体边缘进行刻画。

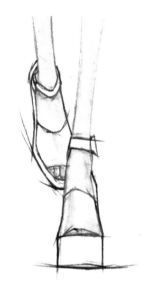

Step30　绘制鞋子时，先画出亮部颜色向高光的过渡。

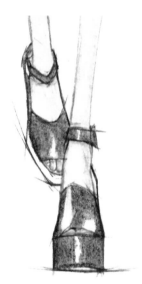

Step31　铺设鞋子的主体色，注意表现出立体感。

Step32　强调鞋子的暗部颜色和明暗交界线，展现出立体感。因为材质的缘故，还要表现出反光。

Step33 进行细节调整完成画面。

3.1.2 普通彩铅的表现案例

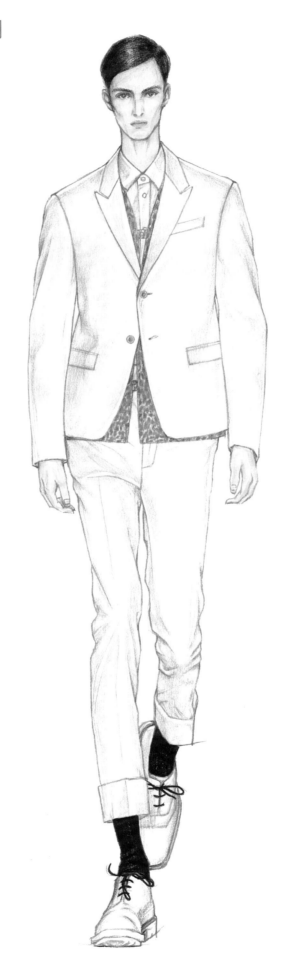

Tips

时装造型来自:
Jil Sander 2014 SPRING/SUMMER
COLLECTION

时装造型来自:
Alexander Wang 2014-2015 FALL/
WINTER PRESORT COLLECTION

3.2 油性彩铅的时装画表现

　　油性彩铅的基本技法和普通彩铅类似，但因为笔芯的质地较为粗糙，所以在细节表现上不如普通彩铅般精细，细节部分还需要用普通彩铅来完善、补充。不过，油性彩铅的色彩更为鲜亮并有一定的光泽感，适合表现色泽艳丽、浓郁的设计作品。

　　油性彩铅的笔芯带有蜡质感，覆盖性较强，因此在叠色时需要注意，不要将颜色涂得太死、太腻，否则除了会在纸面上形成不自然的反光外，还会影响第二层的叠色。因此，油性彩铅的叠色次数也不宜过多。

3.2.1 油性彩铅的表现步骤

　　虽然油性彩铅具有一定的覆盖力，但其本质上仍然属于半透明的绘画材质，因此要保持画面的干净整洁、清除不必要的辅助线，做好着色前需要完成的准备工作。

　　使用油性彩铅绘制时装画，可以选择稍微厚实一些的纸张。在修改时不要使用普通的绘图橡皮，因为笔芯的蜡质会和橡皮粘在一起，弄脏画面。绘制时可选择可塑橡皮将"画过火"的颜色粘走一部分，再继续修改。

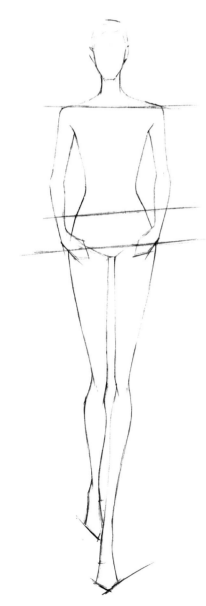

Step01　起草人体模特的基本动态。

Step02　绘制出大的服装造型，此案例中表现的是较为宽松的款式，注意服装和人体间的空间，同时注意人体运动对面料造成形态和褶皱走向的变化。

Step03　擦除不必要的辅助线，整理褶皱走向，并标示出印花图案的大概轮廓。

Step04　平铺皮肤的颜色。

Step05　绘制皮肤的暗部，要注意服装在皮肤上形成的投影，并表现出立体感。

Step06　绘制脸部的妆容，眼妆、口红和瞳孔的色彩相呼应。

Step07　绘制头发的亮部颜色，顺着发丝的走向用笔，高光要留白处理。

Step08　叠加头发的主体颜色，与亮色要形成自然的过渡，然后细致刻画发梢和刘海，体现出发型的特点。

Step09　加深头发的暗部，以凸显头部的立体感。

Step10　平铺紧身胸衣的底色，并绘制出花蕊。

Step11　描绘印花的花瓣，先绘制同一色系的花瓣，通过改变用笔力度以表现出立体效果。

Step12 绘制印花中其他色系或其他类型的图案，先绘制面积较大的图案。

Step13 再补充印花的细节部分，如植物的枝干。

Step14 绘制外套的亮部颜色。案例中表现的是一件有光泽的丝缎大衣，其重点是高光面积大且形状不规范，在绘制亮部颜色时，要注意将高光留白。

Step15 继续绘制完成外套的亮部颜色，在这一步褶皱要有所取舍。

Step16　绘制外套的主体颜色，同时进一步描绘面料的褶皱。较为挺括的面料的明暗对比会非常强烈。

Step17　绘制完外套的主体颜色，深入刻画暗部和细碎的褶皱。由人体运动所产生的褶皱刻画要鲜明一些（如手肘处的褶皱），而因为面料质感而产生的褶皱要绘制得弱一些（如领子和前襟上的褶皱）。

Step18　不要漏画手部皮肤的颜色。

Step19　绘制出首饰的主色，并留白亮色。由于首饰的面积较小，简略绘制即可。

Step20　加深首饰的暗部，并表现出首饰的质感。

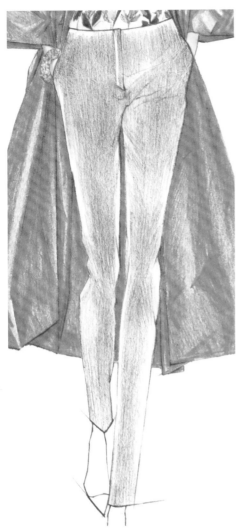 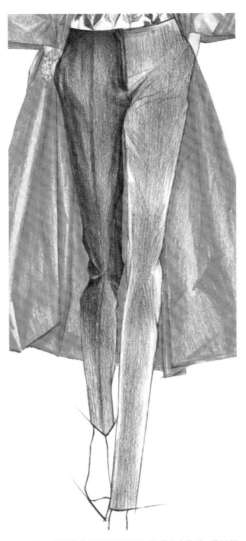 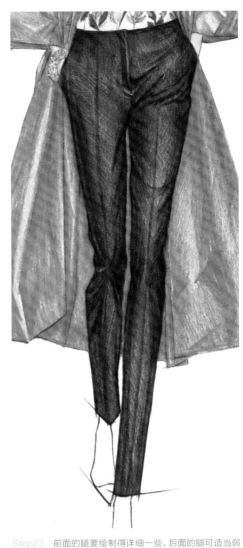

Step21 绘制裤子的亮部，要注意前后腿的明暗关系。

Step22 用深色绘制裤子的暗部，表现出立体感。通过笔触的方向表现出因为行走而产生的褶皱。

Step23 前面的腿要绘制得详细一些，后面的腿可适当弱化，完成裤子的绘制。

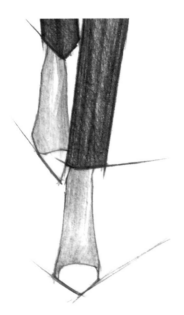 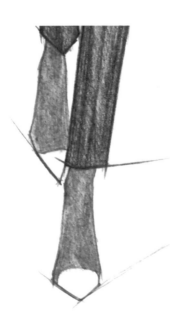  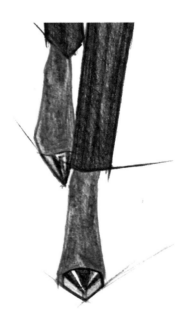

Step24 丝袜的描绘可从浅色开始。

Step25 叠加暗部颜色，丝袜的明暗对比较弱。

Step26 绘制鞋子的亮灰部。

Step27 加重鞋面的不受光部分，因鞋子是漆皮材质，反光强，且明暗对比强烈。

Step28   调整画面的大关系完成画面。

Tips

时装造型来自:
Christian Dior 2013 SPRING/
SUMMER COUTURE COLLECTION

3.2.2 油性彩铅的表现案例

Tips

时装造型来自:
Kenzo 2014 SPRING/SUMMER
COLLECTION

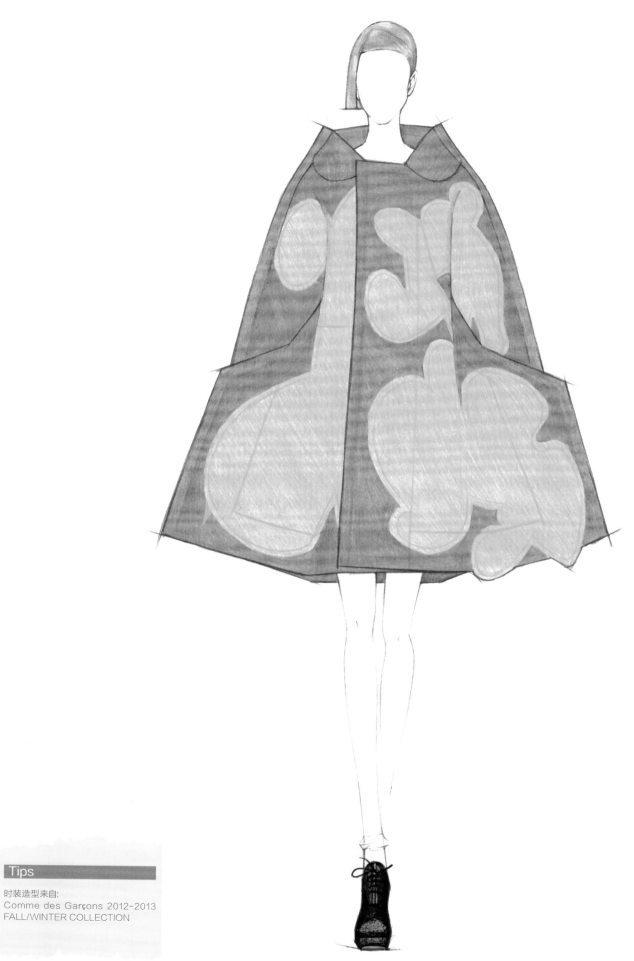

Tips

时装造型来自:
Comme des Garçons 2012-2013
FALL/WINTER COLLECTION

3.3 水溶性彩铅的时装画表现

水溶性彩铅的表现技法分为两大类，一类是和普通彩铅一样的平涂、排线和叠色，另一类便是接近水彩渲染的水溶。不过在时装画的表现中，这两种技法往往是综合使用的——水溶前必须用水溶性彩铅填色或涂抹，水溶后仍可用水溶性彩铅在底色上描绘纹理或肌理。正因为颜色的反复叠加，所以水溶性彩铅表现的时装画颜色往往比较浓郁，彩铅的精致细腻和水彩的淋漓尽致，可以在一幅作品中得到展现。

3.3.1 水溶性彩铅的表现步骤

水溶性彩铅和普通彩铅一样，属于半透明的绘画材质，其在水溶后的透明性更强，对画面的干净整洁度要求更高。水溶后其性质和水彩一样，因此应该先绘制浅色部分，一方面是因为浅色无法覆盖深色，另一方面是为了避免渲染时碰到深色而脏污画面。

正因为水溶性彩铅接近于水彩的特性，因此对纸张有一定的要求（详见Chapter01），若是水溶的面积不大，选择较为厚实的素描纸或绘图纸即可；若是水溶的面积较大，最好选择吸水性较强的水彩纸；如果想要达到像水彩一样水色交融的淋漓效果，那在绘画之前还需要先裱纸。

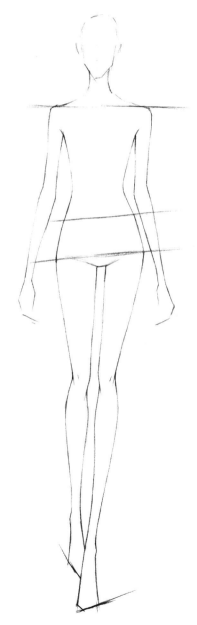  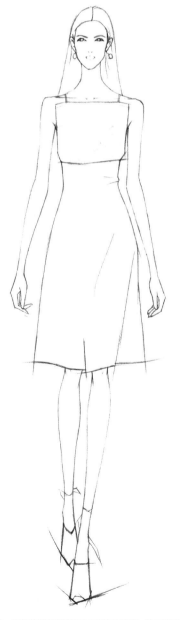

Step01 起草人体模特的基本造型。　　Step02 绘制出服装的大致廓型。　　Step03 用简约的线条整理出服装的造型，并标注出印花的大致位置。

Step04　用水溶性彩铅平铺肤色，用笔力度要均匀，方向也要一致。

Step05　用水彩笔或储水笔把彩铅晕染开，水溶后的颜色会更细腻。晕染的用笔方向最好和水溶性彩铅平涂底色时的用笔方向不同，避免来回涂抹。

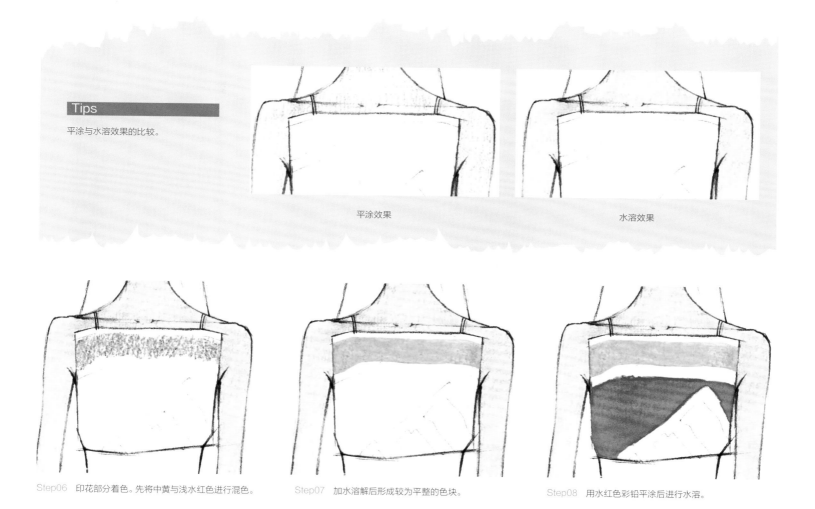

Tips

平涂与水溶效果的比较。

平涂效果

水溶效果

Step06　印花部分着色。先将中黄与浅水红色进行混色。

Step07　加水溶解后形成较为平整的色块。

Step08　用水红色彩铅平涂后进行水溶。

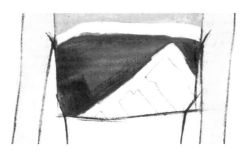  

Step09　描绘完底色后可再用干画法画出立体感。　　　Step10　面料中印花的阴影部分可以干画表现出立体感。　　　Step11　再水溶立体效果。

Step12　用同样的方法平涂袜子的底色。　　Step13　水溶袜子的颜色。　　Step14　干透后用彩铅直接描绘袜子的褶皱，并平铺出鞋面的颜色。　　Step15　水溶鞋面的颜色。　　Step16　描绘鞋面的暗面表现出立体感。案例中表现的是类麂皮材料，灰度变化较少。

  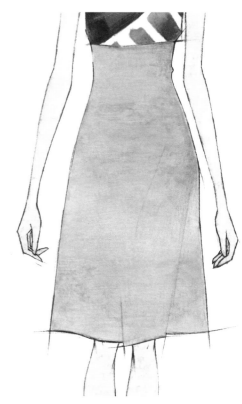

Step17　绘制裙子的底色，注意用笔方向。　　　Step18　将底色铺满整条裙子。　　　Step19　进行水溶。示范面料为类似麂皮材质，水溶时不必太过均匀。

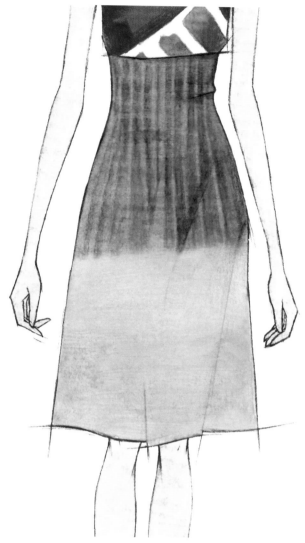

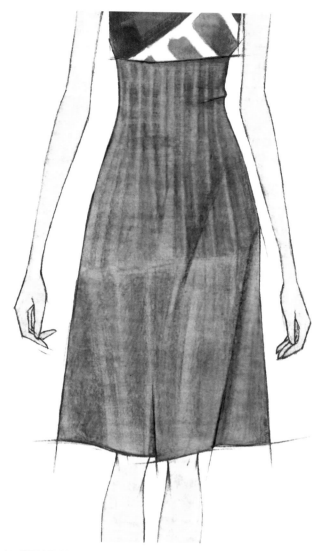

Step20 在底色未干透时，用水溶性彩铅直接描绘麂皮的肌理，铅芯在未干透的底色上会略微溶解开，形成不整齐的边缘。

Step21 肌理会因人体结构和褶皱起伏而变形，在绘制时要尤其注意。加深裙摆上的褶皱。

Step22 用干画法绘制妆容，并略微加重脖子上的投影。

Step23 顺着发丝的走向绘制头发的亮色，并用干湿结合的方法绘制好耳环。

Step24 水溶头发的颜色，待干透后绘制深色部分，表现出立体感。最后勾勒发丝的走向。

Step25　调整整体关系完成画面。

3.3.2 水溶性彩铅的表现案例

Tips

时装造型来自:
Kenzo 2013 SPRING/SUMMER
COLLECTION

3.4 色粉彩铅的时装画表现

　　色粉彩铅和前三类彩铅有本质上的不同——前三种彩铅都属于透明性材质，技法主要是"深压浅"；而色粉彩铅则是不透明材质，覆盖力较强，在绘制时可以采用"浅压深"的方法，即可以先用深色铺底，再用浅色提亮。色粉彩铅的颗粒感质地和涂抹后形成的润泽、柔和而厚重的效果，非常适合用来表现皮草、呢绒等面料的质感，因此很多表现秋冬季时装的时装画可以使用色粉彩铅。

　　色粉彩铅的粗糙质感虽然能带来独特的艺术效果，但是对于细节的描绘往往不够精致，因此可以使用油性彩铅或普通彩铅进行补充。

3.4.1 色粉彩铅的表现步骤

　　色粉彩铅具有较强的覆盖性，在起稿时线条可以粗糙一些，这是因为色粉彩铅在着色时能够覆盖住铅笔的线条。色粉彩铅的粉质铅芯容易掉粉，因此在着色时最好按照从上到下或从左到右的顺序，免得握笔的手蹭脏画面。修改时，最好先用可塑橡皮将纸面上的浮粉粘掉，再用绘图橡皮擦除需要修改的部分（颜色并不能完全清除干净）。在绘制时也最好隔段时间就清理一下纸面上的浮粉。在时装画完成后，最好喷上定画液进行保存。

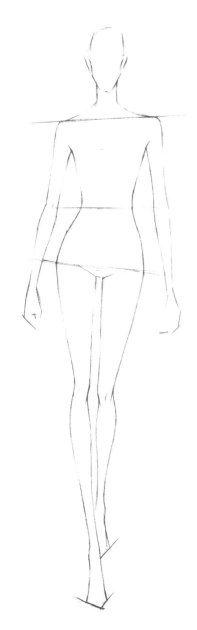

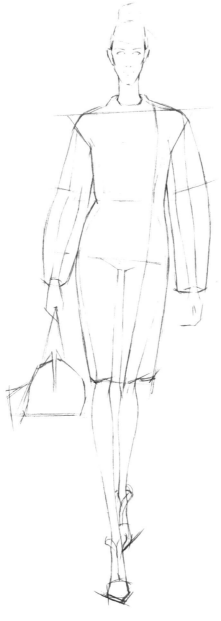

Step01　绘制模特的基本动态。

Step02　勾勒出大致的服装款式和配饰，主要表现袖子的特殊造型。

Step03　擦除不必要的辅助线，明确轮廓的线条。皮草材料的外轮廓在这一阶段可不必深入描绘。

Step04　用油性彩铅平铺皮肤的颜色，以表现皮肤细腻的质感。

Step05　塑造脸部的立体感。

Step06　描绘妆容。眼妆和口红的色彩要相呼应。

Step07　绘制头发的颜色。

Step08　绘制头饰。头饰为皮草，色彩效果朦胧，要用色粉彩铅铺一层较浅的底色。

Step09　用擦笔推开色粉粉末，表现出立体感。

Step10　用同样的方法绘制深色部分。

Step11　用深色勾勒一束束皮毛，这一步可使用塑形效果较强的油性彩铅。

Step12　描绘皮毛的针状质感。要注意皮毛类材质的边缘效果。

Step13 　用色粉彩铅与擦笔配合绘制手部皮肤的颜色。

Step14 　用油性彩铅加深手部的暗面，表现立体感。

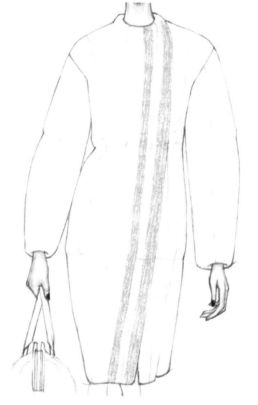

Step15 　用色粉铅笔平铺外套的皮草颜色，不均匀的颗粒感能体现出绒毛效果。

Step16 　用擦笔推开粉末，使色粉铅笔的质地更加细腻。

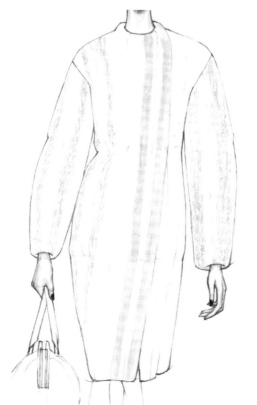

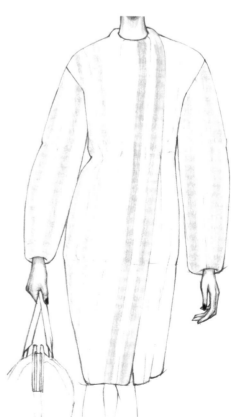

Step17 　用相同的方法将同色的皮草颜色绘制出来。

Step18 　用擦笔涂抹色粉。要注意因面料的起伏而产生的颜色深浅变化。

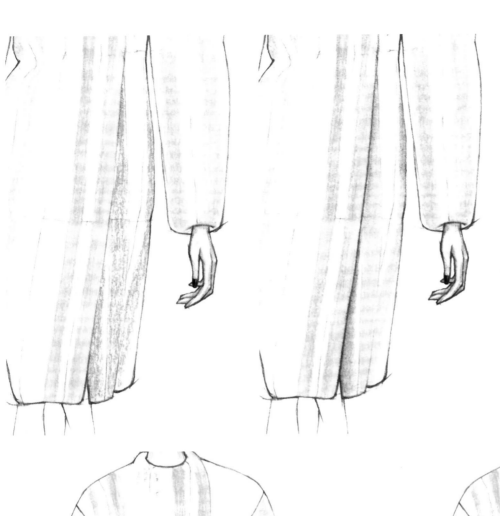

Step19 如果一次铺色没有达到想要的效果，可以二次叠色，使色彩更加饱和。

Step20 加重门襟处的阴影。

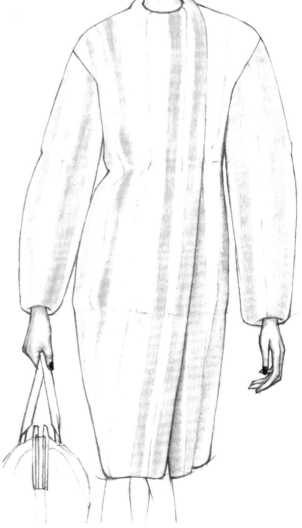

Step21 用色粉铅笔绘制另一种颜色的皮草。

Step22 用擦笔将色粉抹开，两种颜色的过渡要自然。

Step23 绘制第三种颜色的皮草。

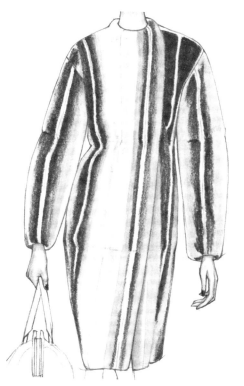

Step24 注意色彩的分布。

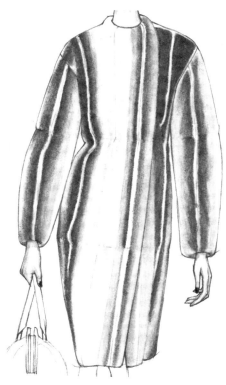

Step25 用擦笔过渡不同颜色的边缘，使其自然衔接。

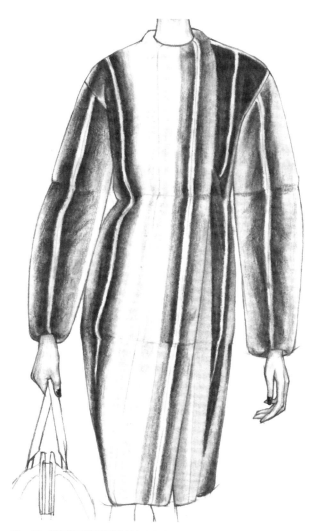

Step26 用色粉彩铅直接绘制出色彩最浅的皮草，并强调出皮草间的接缝。

Step27 最后描绘饱和度最高的颜色，并用油性彩铅勾勒出皮草的轮廓。

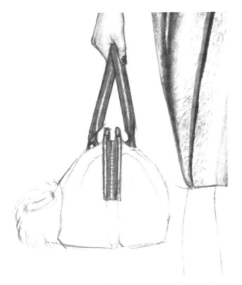
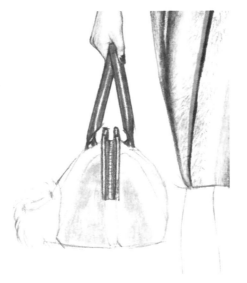
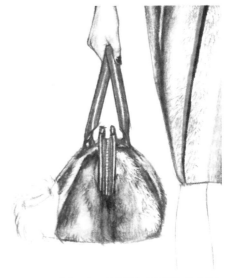

Step28 绘制手袋。先用油性彩铅绘制质地硬朗的皮质包袋和扣合处。

Step29 用色粉铅笔结合擦笔铺出手袋的底色。

Step30 刻画手袋的肌理，手袋材质与衣服相同，可参考衣服的描绘方法来绘制手袋。

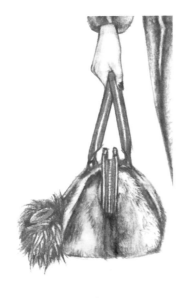

Step31 手袋挂饰有针状的毛峰，用色粉铅笔打底后，可使用油性彩铅描绘针状效果，注意留白高光。

Step32 加深挂饰的暗部，增加层次感。

Step33 绘制袜子的底色。

Step34 加重袜子的暗部色彩和衣摆在袜子上的投影，塑造出立体感。

Step35 绘制鞋子上的皮草。

Step36 绘制鞋子的底色。

Step37 加重鞋子的暗部色彩，留出高光与反光。

Tips

时装造型来自:
Fendi 2013-2014 FALL/WINTER
COLLECTION

Step38　调整细节，完成画面。

3.4.2 色粉彩铅的表现案例

Tips

时装造型来自:
Jil Sander 2013-2014 FALL/WINTER
COLLECTION

3.5 彩铅在时装画中的综合应用

不同的绘画工具有着不同的特点，将多种绘画工具综合应用，会形成丰富的层次表现和多样的艺术效果。在时装画表现中，并不是使用的工具种类越多就越好，而是要根据想要获得的效果选择最合适的工具，如半透明薄纱适合用水彩表现，而厚重的裘皮用水粉或色粉来表现更加事半功倍。

此外，彩铅的表现效果虽然细腻、柔和，但是绘制速度较慢，因此要多种工具综合使用，这样可以使时装画的表现更加便利、快捷。

3.6.1 彩铅综合应用的表现步骤

多种工具的综合应用：适合快速表现的工具，如马克笔和色粉铅笔，可用来快速绘制底色；普通彩铅或油性彩铅可用来修饰细节；而在使用单一工具表现时，需要留白的高光或图案部分则可以使用具有覆盖性的不透明工具，如水粉、油漆笔或色粉铅笔等，在底色上直接勾画。本小节案例所使用的工具包括马克笔、色粉彩铅、油性彩铅、纸笔、银色漆笔等。

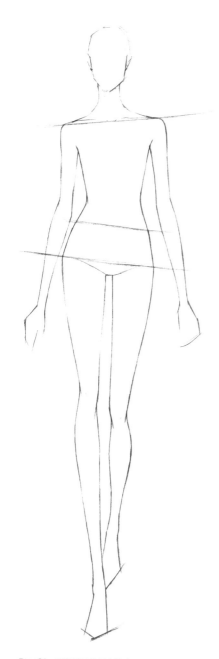

Step01　起草模特的基本动态。

Step02　描绘大致的服装款式和人物造型。

Step03　擦除不必要的辅助线，用简洁的线条勾勒出明确的服装轮廓。

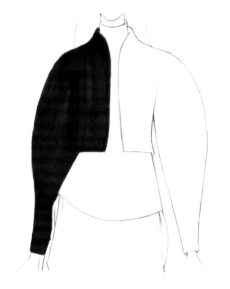

Step04 用马克笔快速绘制出上衣的底色。

Step05 绘制完上衣的底色后，适当表现出明暗关系，以展现立体感。

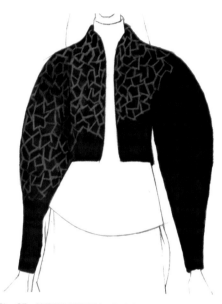

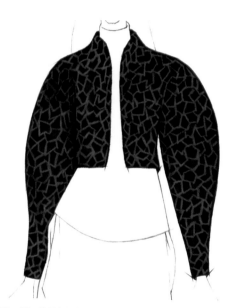

Step06 等上衣的底色干透后，再用色粉彩铅绘制印花图案（还可选择覆盖性强的工具，如水粉颜料、漆笔等）。

Step07 继续绘制印花图案，图案会受到褶皱和服装体积的影响，在绘制时要注意用笔的力度。

Step08 绘制完上衣的印花图案。上衣的立体效果是通过图案的深浅变化展现出来的。

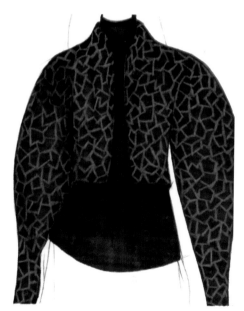

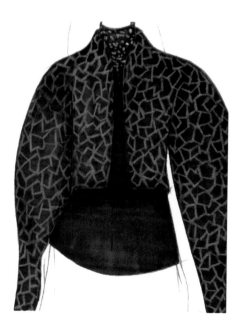

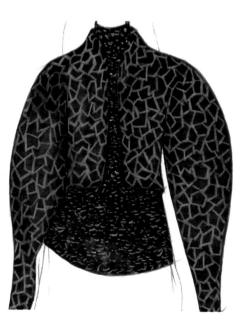

Step09 用马克笔快速绘制出内搭衣服的颜色。

Step10 底色干透后用较尖锐的色粉彩铅点缀印花。

Step11 绘制完内搭服装的印花图案。

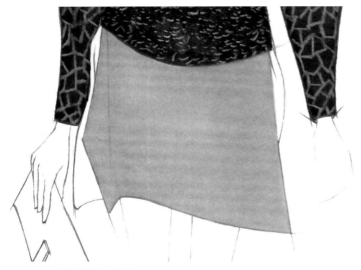

Step12　用马克笔平涂裙子的底色。

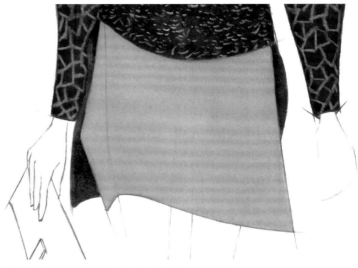

Step13　用油性彩铅绘制裙子的后片，表现出裙子的层次感。

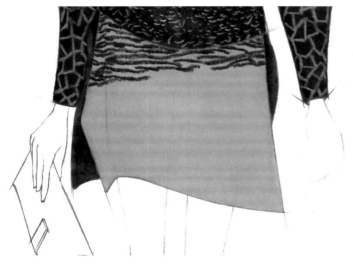

Step14　用油性彩铅绘制裙子的图案。

Step15　注意图案的穿插关系，展现出韵律感。裙子的结构会对图案的形状产生一定的影响。

Step16　绘制手包侧面小面积的强调色。

Step17　用油性彩铅绘制手包的底色。

Step18　蛇皮类的肌理图案（菱形图案）可在底色上直接用油性彩铅描绘。

Step19 用色粉铺皮鞋亮面的颜色。

Step20 用擦笔推开色粉粉末，形成柔和的过渡。

Step21 用油性彩铅描绘皮质的深色部分。

Step22 用色粉彩铅提亮鞋身整体的亮色。

Step23 勾勒边缘和交接线，塑造鞋身的立体感。

Step24 平铺皮肤的亮色。

Step25 绘制脸部的阴影，表现出立体感。

Step26 描绘妆容，眼妆与口红都要选择比较雅致的颜色。

Step27 用油性彩铅绘制发型亮部的颜色，留出发丝的高光。

Step28 逐步加深，丰富头发的层次。

Step29 绘制头发的阴影，表现出头部的立体感。根据发丝的走向勾勒出发丝的细节。

Step30 平铺手部及腿部皮肤的亮色。

Step31 绘制皮肤的阴影，塑造出皮肤的
立体感，尤其要表现出膝关节的转折。

Step32 调整细节，完成画面。

Tips

时装造型来自:
Proenza Schouler 2014-2015 FALL/
WINTER COLLECTION

3.5.2 彩铅综合应用的表现案例

Tips

时装造型来自：
Stella McCartney 2013-2014 FALL/
WINTER COLLECTION

Tips

时装造型来自:
Alexander McQueen 2008-2009
FALL/WINTER COLLECTION

Chapter 04

不同类型的

时装表现

4.1 礼服的表现

从国际盛典好莱坞颁奖礼，到商业酒会，再到私人娱乐宴会，礼服始终是这些场合中必不可少的"浓墨重彩"。其高雅的风格、多变的廓型、奢华的面料和精湛的工艺，使得很多设计师对礼服的设计情有独钟。在很多T台发布会上，礼服常作为"压轴戏"在最后登场，非常夺人眼球。在时装画中，礼服复杂的款式、繁琐的装饰细节和面料质感，都是表现的难点。在绘制时，应尽量从廓型等大方向入手，使画面统一而和谐。

4.1.1 晚礼服的表现

晚礼服用于夜间6点后的正式场合或宴会，多为拖地样式的长裙。为了显得隆重，晚礼服大多会使用独立的造型，如用裙撑支撑裙摆等。在表现晚礼服时，应先确定礼服与人体的空间关系，再确定礼服的款式结构。褶皱和细节等装饰的刻画则要有详有略，不能喧宾夺主，要体现出画面的层次感。

Step01 起草模特的基本动态。

Step02 绘制出礼服的大致轮廓，裙摆的设计是本套礼服的特色。

Step03 擦除不必要的辅助线，用干净整洁的线条表现出完整的服装造型。

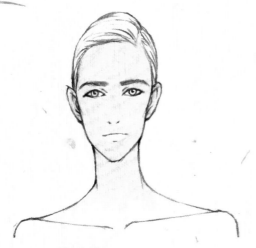

Step04 平铺皮肤底色。

Step05 绘制出脸部的阴影，塑造脸部立体感。

Step06 绘制妆容。眼妆的色彩比较浓郁，是面部的视觉中心。唇妆采用较为自然的颜色。

Step07 头发的描绘从亮面开始，高光部分留白。

Step08 绘制头发的灰部颜色，表现出头部的立体感。

Step09 绘制头发的暗部颜色，勾勒出发丝的走向。

Step10 平铺皮肤的底色。

Step11 绘制皮肤的阴影，表现出立体感，注意身体和手臂的前后关系。

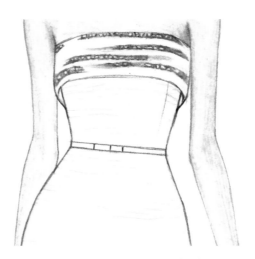

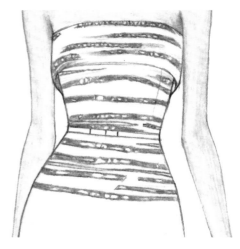

Step13　仔细描绘礼服上的珠片，珠片的高光和反光要留白。

Step14　由上至下，根据第Step11描绘的轮廓，逐渐刻画珠片。

Step12　大致勾画出礼服上镶钉图案的形状。

Step15　根据人体和裙摆的起伏绘制图案的走势和深浅变化，珠片的明暗会随着人体结构和裙摆起伏而变化，这样才能表现出立体感。

Step16　完成裙子图案的绘制。

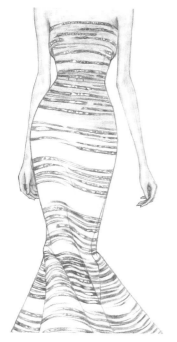

Step17 描绘礼服的底色，因为彩铅半透明的性质，所以先绘制的图案并不会完全被遮盖住。

Step18 继续向下绘制裙子的底色，表现出裙摆的起伏。

Step19 底色绘制完成后，可以适当加深褶皱的阴影，增加裙摆的立体感。

Step20 丰富色彩层次，可用另外一种颜色叠色，形成复合性的色彩效果。

Step21 礼服材质有一定的透明度，贴近皮肤的地方要增加皮肤颜色。

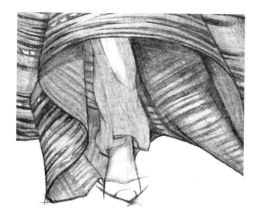

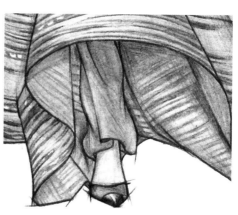

Step22 绘制衬裙的颜色。注意褶皱和透明度的表现。

Step23 绘制衬裙的阴影并透出肌肤的颜色。从亮面开始描绘鞋子。

Step24 鞋子的材质光泽度较高，通过留白的高光和浓重的暗面表现出来。

Step25　调整细节，完成画面。

Tips

时装造型来自:
Elie Saab 2014-2015 FALL/WINTER
COUTURE COLLECTION

4.1.2 鸡尾酒会礼服的表现

相较于晚礼服，鸡尾酒会礼服的应用范围更加广泛。不论是白天的午宴礼服，还是夜间的Party礼服，都涵盖其中，因此款式也更加活泼多变。鸡尾酒会礼服很少有拖地的长裙摆，但是在色彩与面料的选择上、款式结构上，甚至是服饰配件上，与追求高雅的晚礼服相比，更显得前卫、时髦，独具设计感。尤其是一些款式较为简单的鸡尾酒会礼服，面料质地和图案设计都独具特色。在表现这类服装时，色彩搭配和对面料质感及肌理的刻画是重点。

Step01 绘制模特的基本动态。

Step02 绘制出鸡尾酒会礼服大致的款式造型。

Step03 擦除不必要的辅助线，完成线稿的绘制。裙摆拼接的透明材质，可以用橡皮进一步弱化其线条。

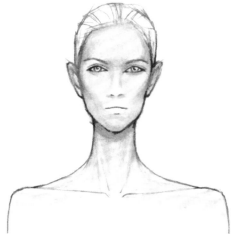

Step04 平铺头颈部肌肤的颜色。

Step05 绘制头部阴影，表现出立体感。

Step06 描绘妆容，强调眼妆，但要控制叠色的次数，避免过于浓重。

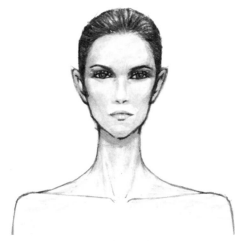

Step07 绘制头发。先绘制底色，高光要留白。

Step08 沿着头部结构勾勒出发丝走向，表现发型的立体感。

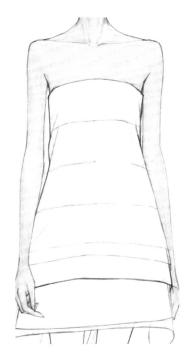

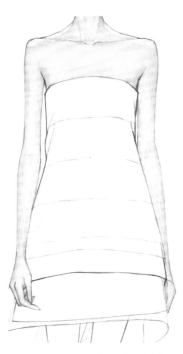

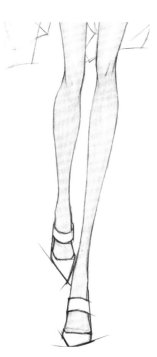

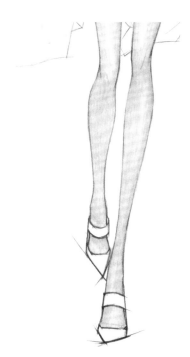

Step09 绘制前胸和手臂皮肤的底色。

Step10 皮肤裸露较多，注意立体感的塑造，可强调锁骨，展现出性感的一面。

Step11 绘制腿部皮肤的底色。

Step12 叠加暗部的色彩，表现出立体感。

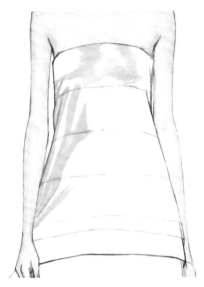

Step13　礼服裙层次较多，要先描绘反光部分的颜色。

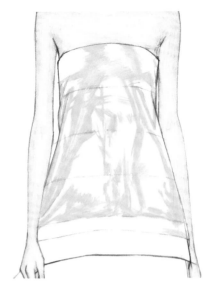

Step14　最外层面料的材质为电子反光材料，所以要描绘高光颜色。

Step15　电子反光材质由于褶皱的起伏而产生了颜色变化。

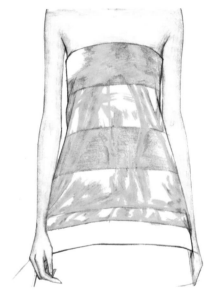

Step16　描绘礼服底层的颜色，同样从亮部开始。

Step17　再次叠色，表现出立体感。

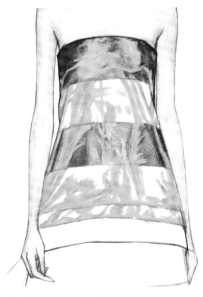

Step18　在绘制的过程中，表现出褶皱的变化。

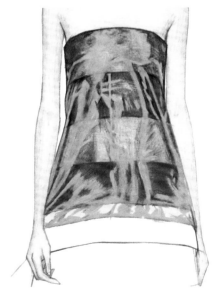

Step19　绘制礼服底层的第二种颜色。

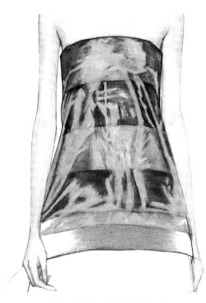

Step20　下摆为缎面材料，仍然要先绘制亮色。

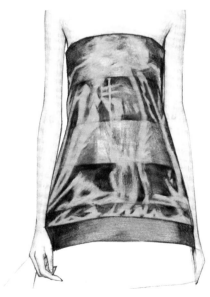

Step21　缎面材质的明暗过渡明显，用较深的颜色绘制暗面。

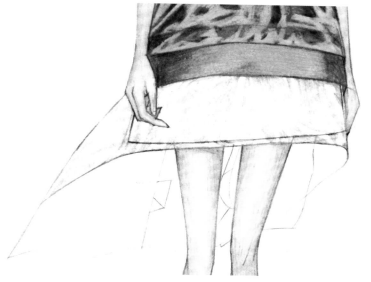

Step22　绘制下摆透明材料，要适当控制用笔的力度。

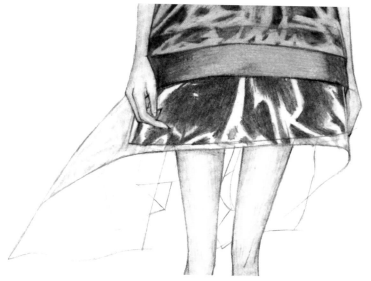

Step23　绘制底层裙片的颜色，刻画反光的彩色边缘，强烈的明显对比能突显反光材料的特点。

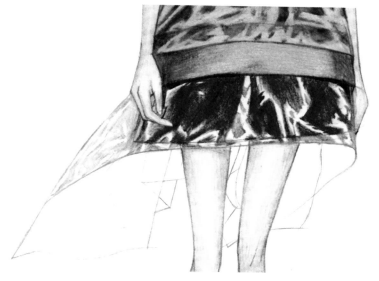

Step24　丰富层次和褶皱形态。

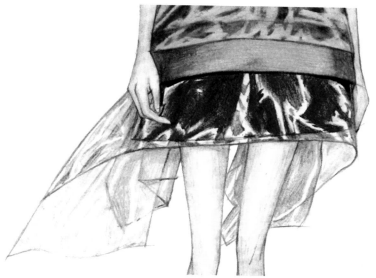

Step25　通过对层叠效果的描绘，表现出透明材质的透明程度。

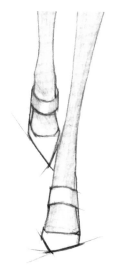

Step26　鞋子袢使用了金属材料，要先绘制亮色。

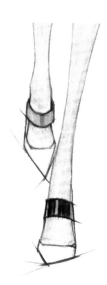

Step27　金属材料反光强烈，要表现出这一特征。

Step28　绘制鞋面，表现出鞋子的硬度。

Step29　绘制鞋面的深色，勾勒出鞋子的边缘。

Tips

时装造型来自:
Christian Dior 2013 SPRING/
SUMMER COLLECTION

Step30 调整细节，完成画面。

4.2 职业装的表现

用于公务场合的职业装，一般以经典的常规款为主，在局部细节上添加流行元素，形成精致而低调的风格。在进行职业装设计时，需要考虑服装款式之间的搭配，使得一套服装能尽可能多地被运用于多种场合。在时装画的表现上，因为职业装的款式相对单纯，因此在比例、材质和配件上需要多加考究，从而使得画面简洁但不单调。

4.2.1 商务套装的表现

商务套装一般以小X形、H形和I形等较为内敛的造型为主，不仅要展现出高水平的职业素养，还要表现出女性独特的魅力。局部的褶边、小配饰等的点缀，或者是增加局部的强调色，都能成为画面中出彩的部分。

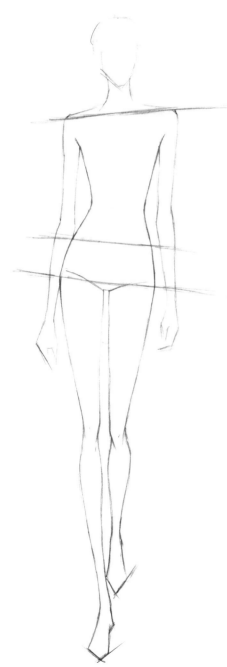

Step01 起草模特的基本动态。

Step02 进行款式的搭配，勾勒出大致轮廓。

Step03 擦除不必要的辅助线，描绘完整的设计造型。

Step04 平铺皮肤的底色。

Step05 描绘皮肤的阴影，尤其是帽子在脸部的投影，以表现出立体感。

Step06 绘制脸部的妆容。由于服装的整体造型较为低调，因此选择了眼妆和唇妆为对比色的妆容进行搭配。

Step07 绘制发型。发型被帽子遮挡，基本处于暗面，但仍然要表现出层次感。

Step08 帽子同样从浅色开始描绘。

Step09 帽子是丝绒类材质，因此色彩过渡要柔和，边缘要有少许反光。

Step10 绘制帽子暗部的颜色，以表现出立体感。

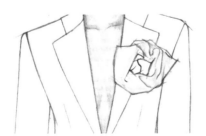

Step11 绘制丝巾的亮色。

Step12 逐层加深，留出高光。

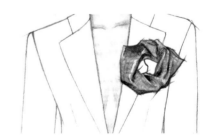

Step13 加重褶皱的阴影，留出反光，表现出丝缎的质地。

Step14 用另一种颜色描绘丝巾的图案。

Step15 加深中心的阴影，以表现出立体感。

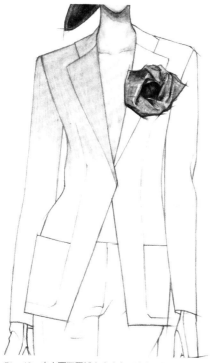

Step16　由上而下平铺上衣底色，注意用笔的方向。

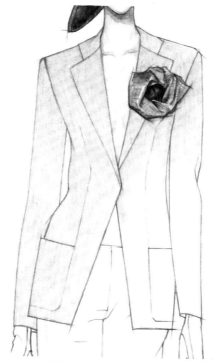

Step17　继续绘制上衣的底色。

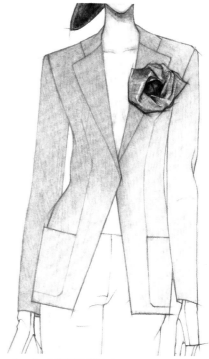

Step18　可根据需要进行多层叠色。

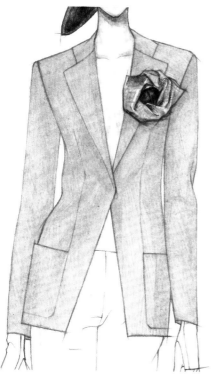

Step19　商务套装一般采用较为挺括的面料，因此不会有太多褶皱，可先忽略褶皱，表现出大的体积转折。

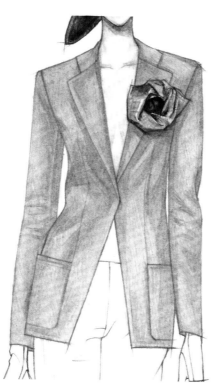

Step20　用更深的颜色绘制外套的明暗关系和褶皱。

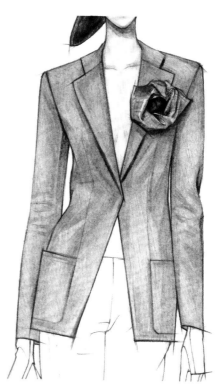

Step21　强调主要结构线，适当勾勒上衣的外轮廓线。

Step22　描绘手套的颜色。

Step23　平铺手部皮肤的亮色。

Step24　表现出手部的立体感。

Step25　描绘手套和裤子的浅色部分，因为裤子和手套为相同材料，可以一起绘制。

Step26　绘制手套和裤子的暗部，并刻画因走动形成的褶皱。

Step27　绘制人字纹面料。

Step28　面料的肌理受到褶皱和结构转折的影响，也需要表现出明暗变化。

Step29　绘制手包的亮部。

Step30　加重暗部的颜色，勾勒出装饰线。

Step31　绘制手包的花纹，表现出硬的质感。

Step32　绘制鞋子的亮面。

Step33　绘制鞋子灰部的颜色，高光要留白。

Step34　绘制暗部，留出反光，并表现出皮质感。

Step35　调整细节，完成画面。

Tips

时装造型来自:
Giorgio Armani 2012-2013 FALL/
WINTER COLLECTION

4.2.2 商务休闲装的表现

商务休闲装增加了更多的时尚元素，一些更接近于时装的款式被运用于整体的搭配中，如花式衬衣、罩衫、针织品和连衣裙等，甚至一些被应用于特殊场合的小礼服也涵盖其中。有些服饰配件也更为夸张，能展现出更强的"混搭"风格。

Step01　起草模特的基本动态。

Step02　描绘大致的服装造型。案例中表现的是以风衣为主的搭配，因此可以用长直线来表现。

Step03　整理线稿，清除不必要的辅助线。

Step04　平铺脸部皮肤的亮部颜色。

Step05　根据面部转折叠加阴影，塑造脸部的立体感。不要忽略脸部对脖子的投影。

Step06　描绘妆容，使五官更加精致。

Step07　从浅色开始绘制发型，高光处要留白。

Step08　逐层描绘头发的层次，塑造出立体感。

Step09　描绘暗部，勾勒出发丝走向。

Step10　平铺腿部皮肤的颜色。

Step11　叠加暗部颜色，表现出腿部的立体感。

Step12　用马克笔描绘白衬衫上褶皱的明暗关系。

Step13　用油性彩铅勾勒褶皱。

Step14　平铺外套颜色，注意用笔方向。

Step15　可根据颜色需求进行叠色，直至达到预期的效果。

Step16　二次叠色时，要兼顾立体感和褶皱。

Step17　对褶皱进行深入刻画，使其更具立体感。

Step18　完成风衣反面颜色的绘制，包括对褶皱和阴影的表现。

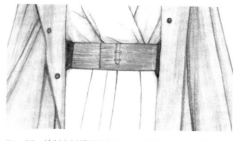

Step22　绘制木材质感的腰带，通过笔触表现出木质纹理。

Step19　绘制纽扣。

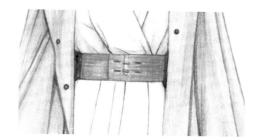

Step23　绘制腰带的暗部和交叠处的阴影，表现出立体感。

Step20　绘制鞋子的亮色。

Step21　绘制鞋子的暗部，并勾勒出鞋子的轮廓。

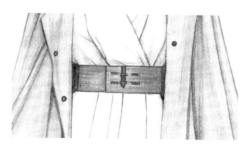

Step24　勾勒腰带的边缘，表现出材质的硬度。

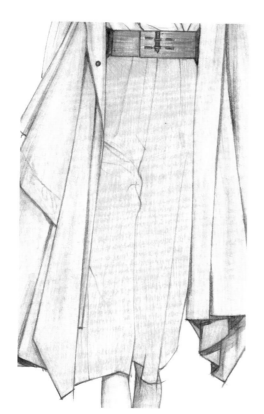

Step25　描绘皮裤。同样从亮色开始铺色。

Step26　绘制皮裤的灰部，表现出大的明暗关系。

Step27　刻画褶皱，留出反光。将皮革的质感通过对比明显但过渡柔和的明暗关系表现出来。

Step28　调整细节，完成画面。

Tips

时装造型来自:
Hermès 2014 SPRING/SUMMER
COLLECTION

4.3 休闲装的表现

休闲装通常是设计师可以最大限度发挥想象力的服装类型,前卫的、个性化的元素在这类服装中的应用极为广泛。时尚的快速更迭也使得这类服装演变出很多令人眼花缭乱的风格。不论休闲装带给你怎样天马行空的想象,作为时装设计师,你还是需要考虑一件或是一套服装的整体效果,考虑到最吸引注意力的"设计中心",而不是将各种设计元素胡乱地堆在一起。

4.3.1 街头休闲装的表现

街头休闲装融合了相当多诸如涂鸦、街舞等青年文化的元素,款式大多以宽松样式为主。在绘制时装画时,越是宽松的服装越要把握好人体的结构,不能因为服装宽松而忽略关键的结构支撑点,使人物的造型扭曲变形。

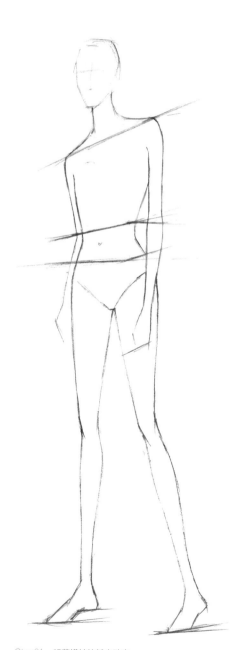

Step01 起草模特的基本动态。

Step02 勾勒服装的大致轮廓,注意服装和人体的空间关系。

Step03 整理线条,擦除不必要的辅助线,完成线稿的绘制。

Step04　平铺皮肤的颜色。

Step05　绘制面部的阴影，表现出头部的立体感。

Step06　绘制脸部的妆容。妆容的色彩不要太鲜明。

Step07　绘制头发亮部的颜色，高光要留白。

Step08　按照发丝的走向丰富头发的层次。

Step09　绘制头发的暗部，以表现头部的立体感。注意加深头发对脸部遮挡产生的阴影。

Step10　平铺上衣的底色，注意笔触的方向。

Step11　可根据需要进行二次叠色。

Step12　绘制上衣的褶皱。

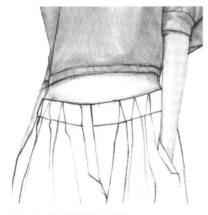

Step13　丰富颜色层次，刻画细小的褶皱。

Step14　绘制腹部露出的皮肤。

Step15　加深褶皱的暗部，以表现褶皱的立体感。勾勒上衣的轮廓。

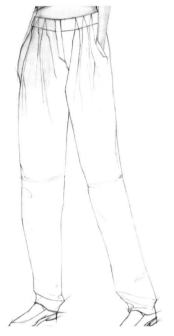

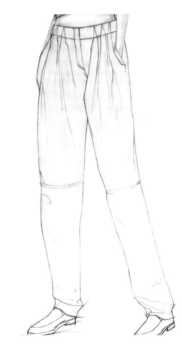

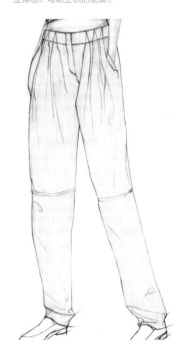

Step16　绘制裤子的底色。

Step17　从上到下开始平铺，注意用笔的方向。

Step18　平铺完成。由于裤子的面积较大，在平铺底色时要尽量保证颜色均匀。

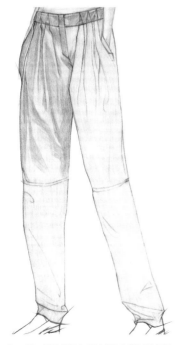

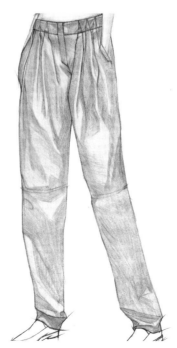

Step19　描绘裤子灰部的颜色和褶皱的起伏。

Step20　裤子因为材质的缘故，褶皱明显且繁多，在绘制时要注意梳理。

Step21　绘制裤子的暗部及阴影，表现出褶皱的立体感。

Tips

时装造型来自:
Alexander Wang 2014 SPRING/
SUMMER RESORT COLLECTION

Step22　完成所有褶皱的绘制，再次强调明暗变化。

Step23　强调裤子的接缝处和褶皱的阴影。

Step24　绘制鞋面，注意皮质感的光泽度。

Step25　绘制鞋底的亮色。

Step26　绘制鞋底的深色，要表现出鞋底的厚度。

Step27　调整细节，完成画面。

4.3.2 运动休闲装的表现

　　时至今日，运动装早已脱离了单纯的功能性，成为时尚的代名词之一。很多传统的运动装品牌纷纷与前卫设计师合作，推出新的产品；而在很多奢侈品品牌的发布会中，运动装的身影也随处可见。当运动成为时尚生活的一种方式，运动元素和印花、解构等设计手法一样，在设计师的手中焕发出新的光彩。

Step01　起草模特的基本动态。

Step02　勾勒服装的大致轮廓，注意各部分之间的比例关系。

Step03　清除不必要的辅助线，大致描绘出裙子上的印花图案。

Step04 从脸部开始，绘制亮部的颜色。

Step05 绘制脸部的阴影，塑造脸部的立体感。

Step06 绘制脸部的妆容。眼妆与唇妆的颜色要互相呼应。

Step07 绘制头发的亮色，要画出渐变过渡，高光要留白。

Step08 绘制头发的中间色调。

Step09 绘制头发的深色部分，顺着发丝的走向勾勒，表现出头部的立体感。

Step10 绘制肢体皮肤的颜色。

Step11 添加阴影，体现皮肤的立体效果。

Step12　绘制连衣裙领口及袖口的拼接装饰边。

Step13　绘制装饰边的另一种颜色。

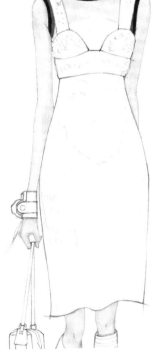

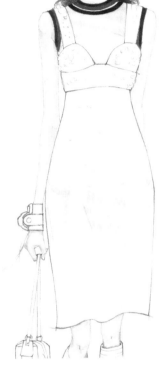

Step14　绘制连衣裙的印花，从最浅的颜色开始。

Step15　颜色逐层加深。

Step16　绘制另外几种浅色。

Step17　绘制印花图案上人物的五官。

Step18　逐层加深，颜色越来越丰富，描绘出立体感。

Step19 按照印花图案勾勒边缘线条。

Step20 绘制裙子的褶皱，印花图案因受到褶皱的影响，会产生起伏。

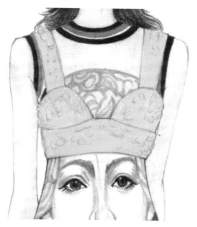

Step21 绘制上衣马甲，勾勒出珠片的位置。

Step22 描绘珠片亮部的颜色。

Step23 表现出珠片的层叠效果，进一步塑造珠片的形状。

Step24 绘制手镯，从主体亮色开始。

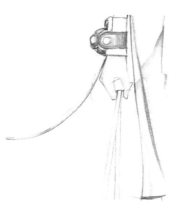

Step25 通过立体转折表现出手镯的硬朗质感。

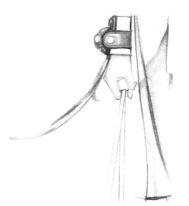

Step26 描绘手镯的其他配件颜色。

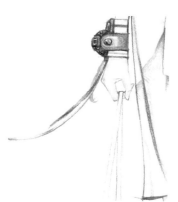

Step27 加深阴影，表现出立体感，并刻画扣件等细节。

Step28　绘制手袋，通过留白、高光来表现皮革的质感。

Step29　描绘手袋拼接的材质。

Step30　刻画手袋的扣环和接缝，加深暗部，表现出手袋的立体感。

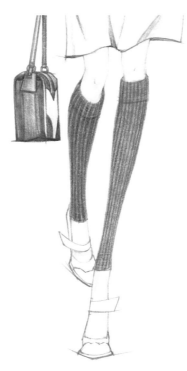

Step31　平铺袜子的底色。

Step32　描绘袜子上针织物特有的凹凸肌理。

Step33　绘制袜子上横向的装饰条纹。

Step34　绘制鞋子的黑色拼接部分，这部分是麂皮质感，颜色过渡较为柔和。

Step35　平铺鞋面的底色。

Step36　描绘鞋面凹凸的立体感。这部分为塑料质感，有一定的反光性。

Tips

时装造型来自:
Prada 2014 SPRING/SUMMER
COLLECTION

Step37 调整细节，完成画面。

4.4 童装的表现

在过去的几年中，童装市场的发展十分迅猛。但是童装的设计却有着诸多的限制。除去面料和工艺上的安全性，童装还需要应对儿童迅速成长的身体以及不同于成人的生活方式，甚至还有来自儿童和家长两方面的审美需求。总体来说，童装应表现出儿童天真可爱的特质，呈现出儿童轻松活泼的风格。

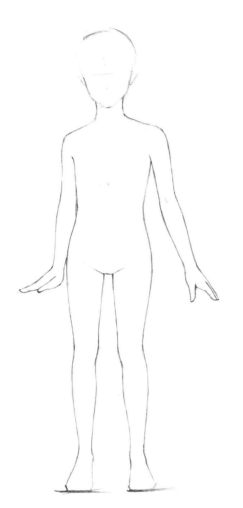

Step01　起草模特的基本动态。儿童的头部应占据较大的比例，身体也应描绘得较为圆润。

Step02　勾勒出服装的大致轮廓。

Step03　擦除不必要的辅助线，完成线稿的绘制。

Step04　描绘皮肤的颜色，可以选择比成人皮肤颜色更浅的色号。

Step05　儿童脸部的骨骼感并不明显，明暗的过渡要更加柔和。

Step06　从亮部开始绘制头发，高光要留白。

Step07　绘制头发的中间色。案例表现的是波浪卷发，因此对波浪的立体感和层次感要尤其重视。

Step08　绘制头发的阴影，强调出立体感，并勾勒出发丝的走向。

Step09　平铺肢体皮肤的颜色。

Step10　表现肢体的立体感。同样通过柔和的过渡使肢体显得圆润。

Step11　平铺衬衣的亮色。

Step12　可根据需求再次叠色。

Step13　描绘上衣的褶皱，表现出身体的体积感。

Step14 绘制蝴蝶结腰带。

Step15 平铺印花裙子的亮色。

Step16 可根据需要进行二次叠色。

Step17 逐层描绘印花图案，印花图案会随着裙褶的高低起伏而有变化。

Step18 绘制第二层印花图案，两层图案的间距保持一致。

Step19 绘制第三层印花图案，图案的宽窄和花纹要有所变化。

Step20 绘制第四层印花图案，注意色彩的搭配。

Step21 绘制第五层印花图案，完成印花图案的绘制。

Step22 绘制裙子的暗部和褶皱，表现出立体感。

Step23 绘制鞋子的亮色。

Step24 叠加鞋子暗部的颜色。

Step25 勾勒鞋子的边缘轮廓。

Tips

时装造型来自：
佚名童装品牌

Step26 调整细节，完成画面。

4.5 系列时装的表现

系列时装多用于一季产品的开发，通过多套服装共同呈现出设计的主题和流行趋势。系列时装讲究的是服装款式之间的区别与联系，各款式之间既能够相互搭配又各自独立，形成和谐而又多变的外观。

4.5.1 商业系列时装的表现

商业系列时装大都会采用相同或相近的廓型，以经典款式为中心进行延展，通过结构线、局部造型以及配件等细节的点缀，达到既简洁大方又精致考究的效果。

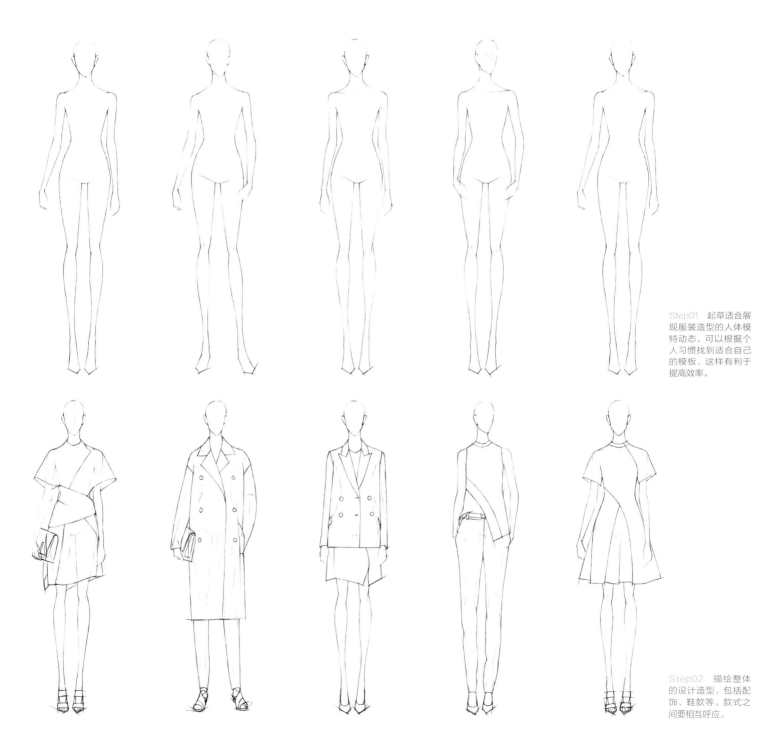

Step01 起草适合展现服装造型的人体模特动态，可以根据个人习惯找到适合自己的模板，这样有利于提高效率。

Step02 描绘整体的设计造型，包括配饰、鞋款等。款式之间要相互呼应。

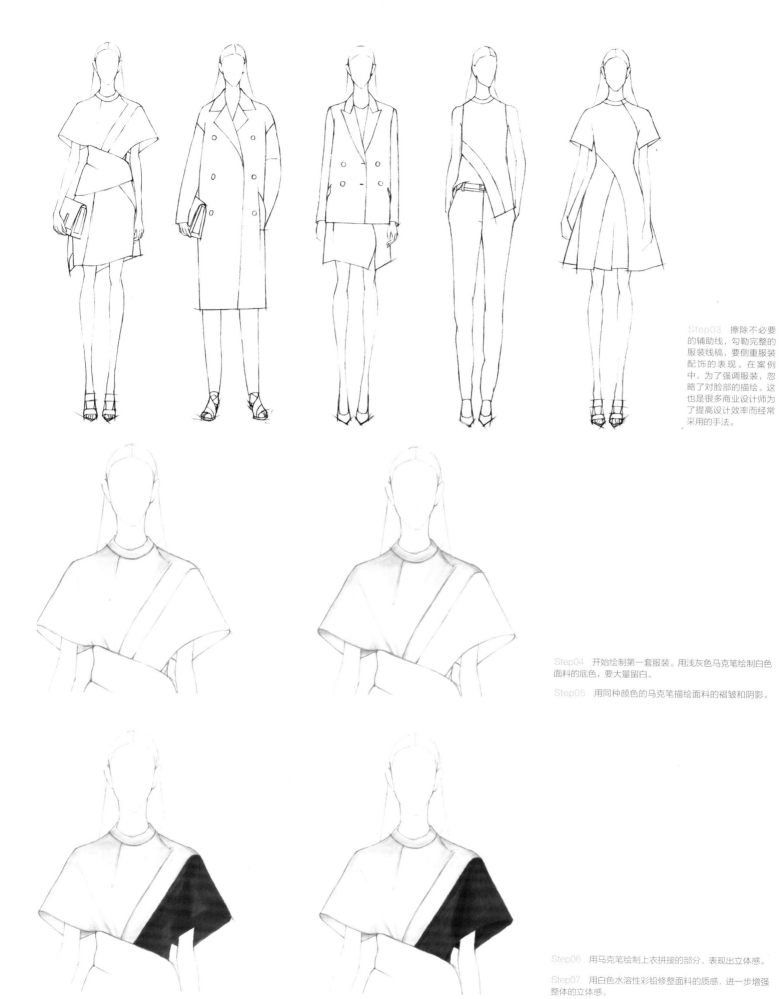

Step03　擦除不必要的辅助线，勾勒完整的服装线稿，要侧重服装配饰的表现。在案例中，为了强调服装，忽略了对脸部的描绘。这也是很多商业设计师为了提高设计效率而经常采用的手法。

Step04　开始绘制第一套服装。用浅灰色马克笔绘制白色面料的底色，要大量留白。

Step05　用同种颜色的马克笔描绘面料的褶皱和阴影。

Step06　用马克笔绘制上衣拼接的部分，表现出立体感。

Step07　用白色水溶性彩铅修整面料的质感，进一步增强整体的立体感。

119

Step08　用马克笔平铺裙子底色并勾勒出条纹印花的走向。

Step09　继续完成裙子亮色的铺色。

Step10　按照纱的走向勾勒其他条纹。

Step11　描绘浅色的宽条纹图案。

Step12　描绘深色的不规则条纹图案。

Step13　用同样的方法描绘所有条纹以保持边缘的整齐。可先用水溶性彩铅干画，再进行水溶。

Step14　条纹会受到褶皱的影响，出现起伏。

  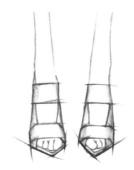 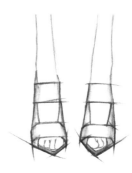

Step15 用色粉彩铅描绘手包的颜色，并用擦笔将色粉推开。

Step16 进一步塑造手包的立体感。

Step17 绘制鞋面的颜色。

Step18 加深鞋底颜色，完成第一套服装的绘制。

Step19 开始绘制第二套服装。用马克笔平铺大衣的底色。

Step20 铺色的同时表现出立体感。

Step21 用色粉彩铅绘制外套印花，印花为立体毛边图案，要从领面开始绘制。

Step22 前门襟的印花走向和领口的不同。

Step23 按照外套的褶皱和立体效果描绘印花的走向。

Step24 印花绘制完成。

Step25 用马克笔平铺手包的底色。

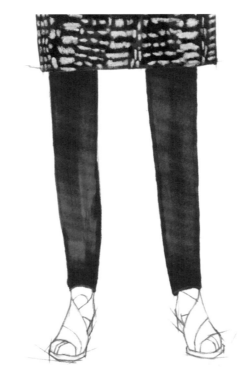

Step26 加深手包的暗部，表现出立体感。用白色水溶性彩铅干画，提亮高光，表现出皮革的质感。

Step27 用马克笔平铺裤子的亮色。

Step28 用马克笔描绘深色部分，反衬出图案。

Step29 用油性彩铅绘制鞋子，在暗部要表现出反光的部分。

Step30 绘制鞋子的其他颜色，整体色彩要协调。

Step31 绘制鞋子的浅灰色部分，完成第二套服装的绘制。

Step32 开始绘制第三套服装。用马克笔绘制内衬上衣的颜色，注意外套领口在其上的投影。

Step33 用马克笔平铺外套颜色，待底色稍干后表现出明暗立体关系。

Step34 用水溶性彩铅修饰外套面料质感，并提亮高光。

Step35　点缀纽扣。

Step36　用马克笔绘制裙子的底色，待底色稍干后绘制裙子的暗面和投影，表现出裙子的立体感。

Step37　绘制深色部分，反衬出面料的图案。

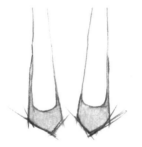

Step38　平铺鞋子亮色。

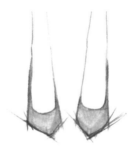

Step39　绘制鞋子的暗部，完成第三套服装的绘制。

Step40　开始绘制第四套服装。先描绘上衣印花较浅的颜色，注意图案的分布要具有韵律感。

Step41　勾勒深色部分的形状并填色，留出白色花边。

Step42　绘制另一种印花图案，完成印花的绘制。

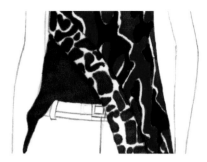

Step43　绘制上衣拼接部分。

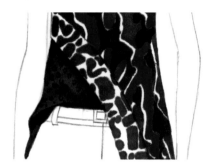

Step44　用油性彩铅点缀表面肌理。

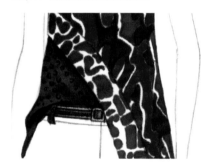

Step45　用油性彩铅绘制皮带。

Step46　用马克笔平铺裤子的底色。　　Step47　用油性彩铅勾勒条纹的走向。　　Step48　绘制浅色条纹。

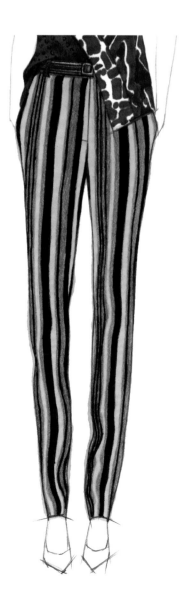
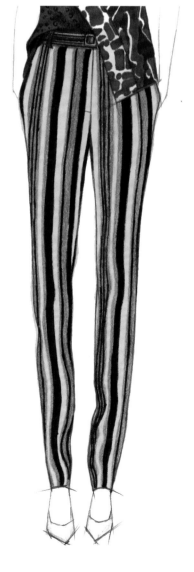

Step49　从浅到深完成条纹的绘制。注意褶皱对条纹产生的影响，注意立体感的表现。

Step50　绘制鞋子，完成第四套服装的绘制。

Step51 开始绘制第五套服装。用马克笔绘制图案的形状，要注意图案的分布。

Step52 将图案铺满整条裙子，为表现出裙子拼接处的结构线，图案在接缝处需要有一些错位。

Step53 勾勒出图案的边缘形状。

Step54 填充深色底色。

Step55 完成印花描绘并表现出立体感。

Step56 绘制鞋面部分，通过颜色的过渡表现出立体感。

Step57 加深鞋子的暗部并绘制鞋垫的颜色，完成第五套服装的绘制。

Tips

时装造型来自:
Proenza Schouler 2015 SPRING/
SUMMER RESORT COLLECTION

Step58　调整细节，完成画面。

4.5.2 创意系列时装的表现

创意类系列时装一般为4~5套，也有的系列会包含更多套数，多为作品集或者是为参加赛事而创作的，因此需要较为严谨的系列感。为了适合T台展示，创意系列时装的廓型会出现较大的变化，在面料、色彩和局部细节上会更具有装饰性，使系列时装的气场更强。

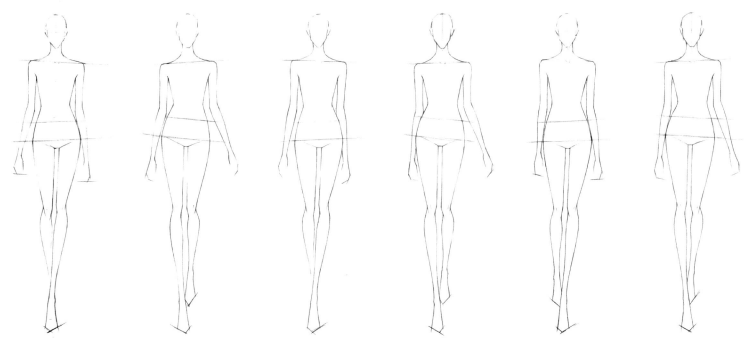

Step01　绘制具有系列感的人体模特动态造型，可根据个人喜好选择相同或相似的动态。

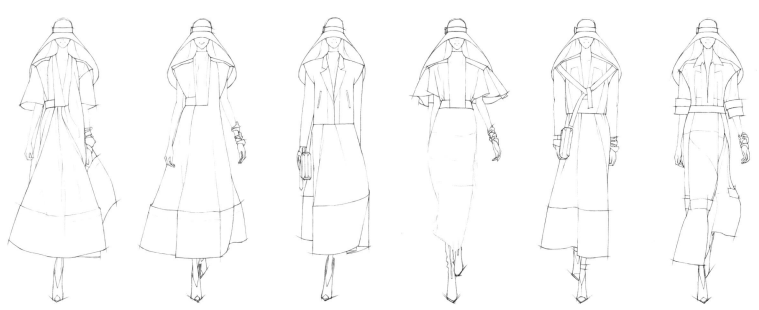

Step02　统一绘制大致的服装造型以及帽子、首饰、鞋子等配饰，要注意保持风格的完整性。

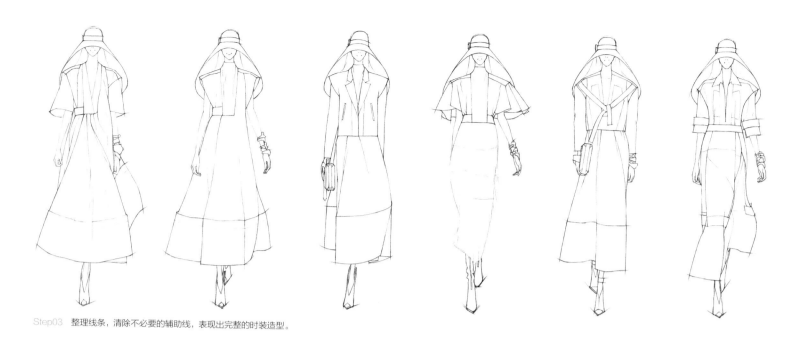

Step03　整理线条，清除不必要的辅助线，表现出完整的时装造型。

绘制过程

第一套服装的起稿流程：起草动态——描绘轮廓——勾勒线稿

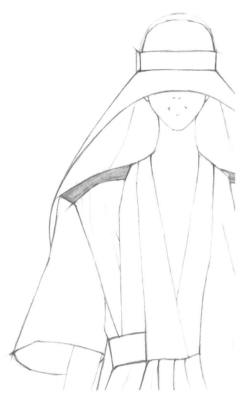

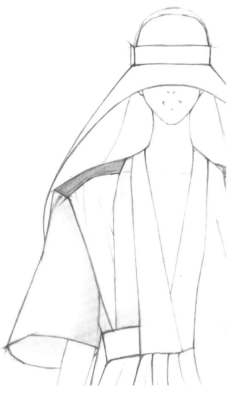

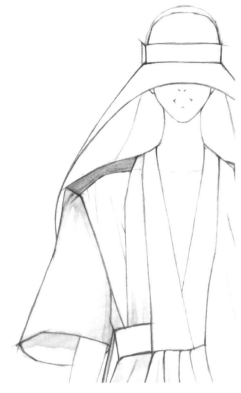

Step04 第一套服装着色，先绘制肩部彩片的颜色。

Step05 用马克笔平铺印花面料的底色。

Step06 表现出印花面料的立体感。

Step07 用色粉彩铅绘制印花的图案，注意图案的分布色。

Step08 完成袖子印花的绘制。

Step09 由于面料有一定透明度，因此要绘制出袖口反面透出的印花图案。

Step10　绘制第二种印花。

Step11　注意印花受到褶皱影响而产生的变化。

Step12　平铺皮质拼接材料的亮面颜色。

Step13　根据前面案例中介绍的方法，绘制褶皱，表现皮质材料的肌理。

Step14　绘制黑底白条纹腰带，用马克笔平铺底色。

Step15　用色粉彩铅绘制条纹。

Step16　描绘第三种印花。同样用马克笔铺底色。

Step17　点缀表面图案。

Step18　完成第三种图案的绘制。

Step19 用马克笔平铺裙摆的底色。

Step20 同样用马克笔绘制褶皱，表现出立体感。

Step21 结合水溶性彩铅提亮亮部，并对细小的褶皱进行修整。

Step22 用色粉彩铅绘制裙摆材料的麂皮效果，将多色混合，形成参差的效果。

Step23 底色平铺完成。

Step24 用擦笔推开色粉粉末。

Step25 将色粉粉末推开后，擦除纸面上多余的色粉粉末。

Step26 用油性彩铅描绘面料褶皱，表现出立体感。

Step27 描绘出面料的缝线。

Step28 绘制手部的配饰，平铺亮部颜色，高光要留白。

Step29 添加暗部色彩，表现出立体感。

Step30 绘制配饰的透明材质，要表现出透出背景颜色的效果。

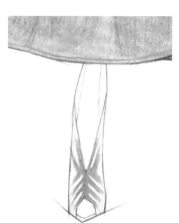

Step31 绘制鞋面的亮色。

Step32 表现出鞋面镂空的图案。

Step33 绘制鞋内的颜色。

Step34 绘制鞋面的图案。

Step35 帽子绘制。用深色马克笔平铺表面的亮色及帽子内侧的颜色。帽子内侧的颜色因为投影的缘故，颜色会更深一些。

Step36 用白色水溶性彩铅绘制帽子的反光部分，再用黑色水溶性彩铅加深暗部的颜色，表现出帽子的光泽度。

绘制过程

第二套服装的起稿流程：起草动态——描绘轮廓——勾勒线稿

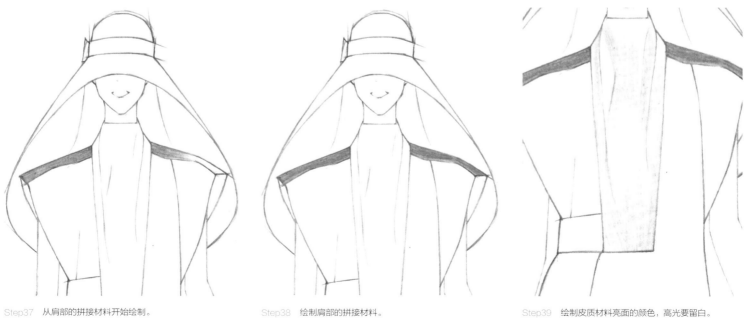

Step37 从肩部的拼接材料开始绘制。　　　Step38 绘制肩部的拼接材料。　　　Step39 绘制皮质材料亮面的颜色，高光要留白。

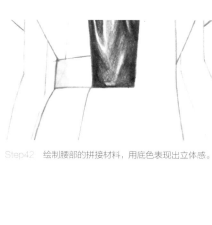

Step42　绘制腰部的拼接材料，用底色表现出立体感。

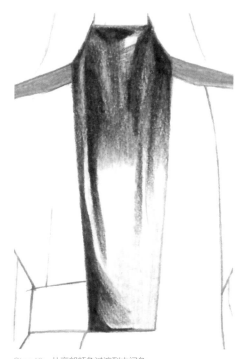

Step40　从亮部颜色过渡到中间色。

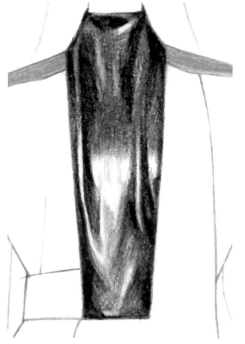

Step41　绘制暗部颜色，加深褶皱的阴影，并通过反光表现出皮革的质感。

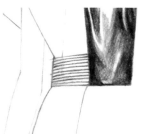

Step43　绘制表面的条纹。

Step44　用马克笔平铺印花面料的底色。

Step45　用马克笔绘制出面料的明暗关系，表现出立体感。

Step46　用色粉彩铅描绘印花图案，受到褶皱起伏的影响，图案会产生相应的变化。

Step47 描绘另一种印花面料的底色。

Step48 用覆盖性较强的色粉彩铅点缀印花表面的图案。

Step49 继续绘制图案，小碎花的图案受褶皱起伏的影响较小。

Step50 第二种印花绘制完成。

Step51 用色粉彩铅混合，绘制裙摆的麂皮材料。

Step52 采用同样的用笔方向，将底色铺满。

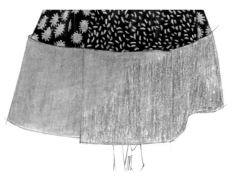

Step53 用擦笔将色粉的粉末推开，推开的方向要与铺色的方向相反。

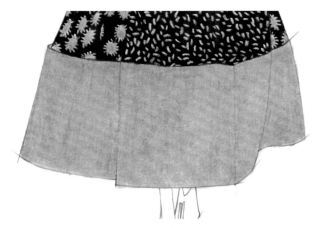 

Step54　用油性彩铅描绘裙摆褶皱，并表现出立体感。亦可用色粉和擦笔来表现褶皱。

Step55　绘制裙摆的装饰缝线。

Step56　绘制手镯亮部的颜色，高光要留白。

Step57　绘制手镯的暗部，描绘透明材质透出的肌肤颜色。

Step58　绘制透明材料的背景颜色。

Step59　勾勒手镯的轮廓线条，表现出手镯硬朗的质感。

 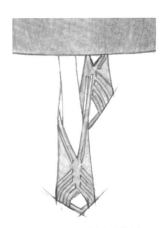  

Step60　绘制鞋面的颜色。

Step61　填充鞋子镂空部分的颜色。

Step62　描绘鞋面的图案。

Step63　绘制鞋子内部的颜色。

Step64　用马克笔描绘帽子的底色，内层颜色要深一些，表现出帽子的空间感。

Step65　用黑、白亮色水溶或油性彩铅分别对帽子进行修饰，表现出帽子的立体感和质感。

绘制过程

第三套服装的起稿流程：起草动态——描绘轮廓——勾勒线稿

Step66　描绘内搭上衣的底色。

Step67　叠加暗部，绘制褶皱，表现出服装的立体感。

Step68　用马克笔绘制外套的底色，根据人体的结构表现出立体感。

Step69　用黑色水溶性彩铅描绘外套暗部和深色的拼接裁片。

Step70　用白色彩铅提亮高光，表现出缎面质感，并刻画领子的翻折效果和口袋等细节。

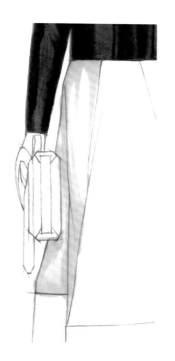

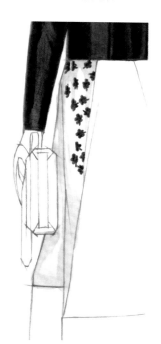

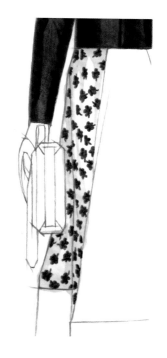

Step71　绘制印花面料。先用马克笔绘制出褶皱的明暗效果。

Step72　用色粉铅笔绘制印花图案。

Step73　印花图案绘制完成。注意褶皱的起伏对图案的影响。

Step74　绘制第二种印花图案。仍然先用马克笔表现出面料的明暗和褶皱起伏。

Step75　用色粉铅笔绘制小碎花图案。

Step76　第二种印花图案绘制完成。

Step77　用色粉彩铅混色来绘制裙摆的底色。

Step78　向同一方向用笔，完成底色的绘制。

Step79　用擦笔将色粉的粉末推开。

Step80　用油性彩铅描绘褶皱的阴影，表现出立体感。

Step81　描绘装饰缝线。

Step82　绘制手包。用马克笔铺色并塑造出立体感。

Step83　分别用黑、白亮色彩铅提亮高光和压深暗部，描绘出皮革的反光质感。

Step84 绘制鞋面,表现出镂空图案,添加阴影绘制出立体感。

Step85 填充镂空图案的底色。

Step86 用马克笔点缀表面图案。

Step87 绘制鞋内侧的颜色。

Step88 绘制帽子的拼接材质和帽带的底色。

Step89 叠加帽带和拼接部分的阴影,以增强立体感。平铺出帽子的主体色。

Step90 添加明暗效果,表现出帽子材料的肌理感。帽子的边缘要表现出厚度。

Step91 添加内侧的阴影,表现出层次感。

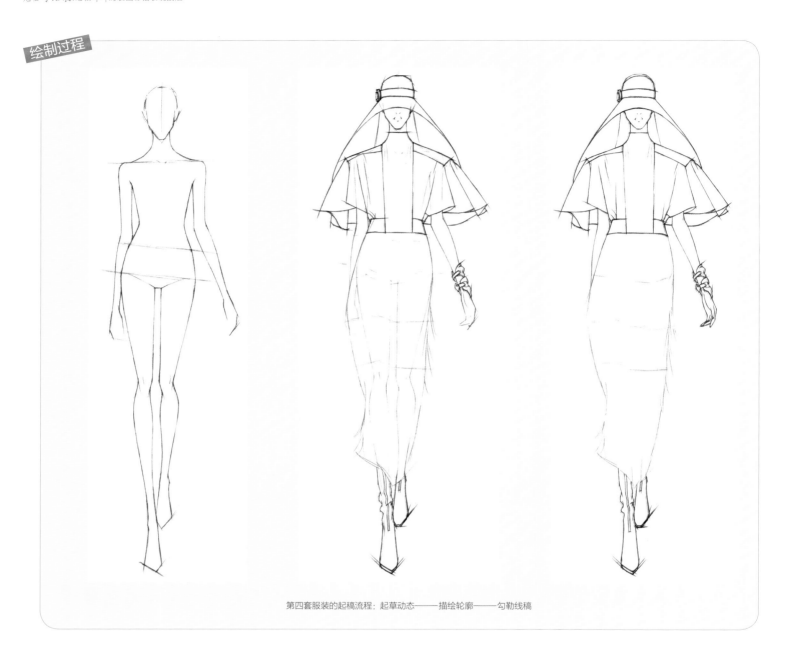

第四套服装的起稿流程：起草动态——描绘轮廓——勾勒线稿

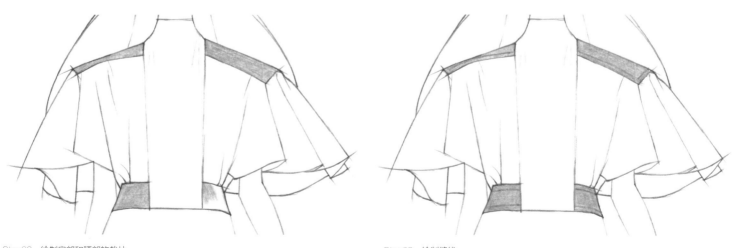

Step92 绘制肩部和腰部的裁片。

Step93 绘制缝线。

Step94　表现出上衣大褶皱的明暗关系。

Step95　绘制袖口内侧的毛边。

Step96　绘制上衣的中间色，并刻画出褶皱的细节。

Step97　完成上衣褶皱的绘制，并画出袖口内侧的颜色。

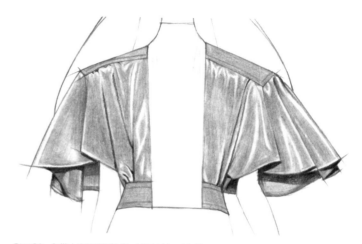

Step98　勾勒上衣的褶皱边缘，绘制出袖口内侧的阴影部分。

Step99　用马克笔绘制上衣中间拼接材料的底色。

Step100　用黑色水溶性彩铅描绘出褶皱。

Step101　绘制透明塑料材质的裙子。先用马克笔铺裙子的底色，亮部要留白。

Step102　用油性彩铅描绘流苏的线条，保持亮部留白并留出反光。

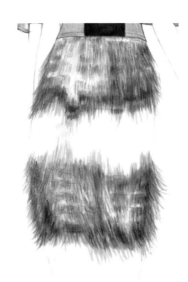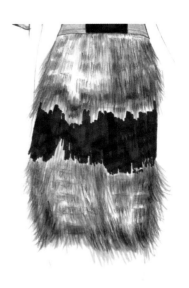

Step103　用马克笔笔尖细的一头绘制出蓝色的流苏线条。

Step104　结合油性彩铅细化流苏，丰富流苏的层次，表现出流苏的透明质感。

Step105　继续细化流苏，直到达到满意的效果。

Step106　绘制流苏的黑色部分，体现出层次的分布。马克笔的宽头和细头可配合使用。

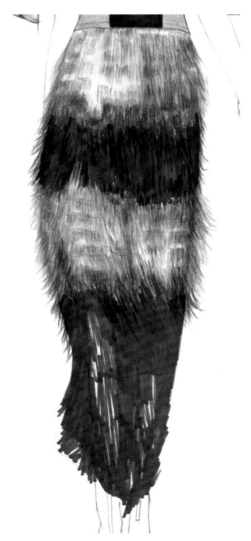

Step107　绘制黑色流苏时，要注意因为动态而产生的明暗变化。

Step108　利用马克笔的细头和黑色彩铅丰富黑色流苏。

Step109　刻画两种颜色流苏的交界处，使其过渡自然。丰富流苏的层次并表现出立体感。最后仔细绘制流苏裙的轮廓边缘，表现出流苏的质感。

Step110 绘制手镯的金属搭扣，通过反光表现出金属的质感。

Step111 绘制手镯的有色材料，铺设亮色部分。

Step112 加重暗部色彩，并勾勒边缘，塑造出手镯的立体感。

Step113 描绘靴子的金属拉链。

Step114 绘制靴面的亮色部分。

Step115 加深靴子的暗部颜色，表现出立体感。

Step116 为鞋底着色并勾勒轮廓线条，突显出靴子硬朗的质感。

Step117 用马克笔平铺出帽子的底色，注意内外层的空间感。

Step118 用黑、白两色的水溶性彩铅画出亮部，加深暗部，表现出立体感。

绘制过程

第五套服装的起稿流程: 起草动态——描绘轮廓——勾勒线稿

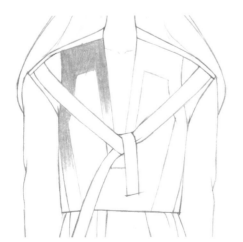

Step119　绘制上衣的黄色拼接部分。

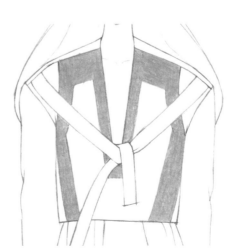

Step120　注意用笔的方向, 将颜色绘制均匀。

Step121　绘制缎带。先绘制亮色, 高光要留白。

Step122　绘制深色部分，要注意反光部分，表现出缎带的光泽感。

Step123　先用马克笔绘制出上衣浅灰色面料的明暗关系，再用彩铅绘制出立体条纹的肌理。

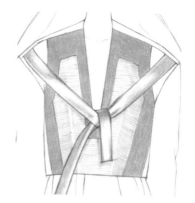

Step124　注意用笔方向，笔触间的间隙要适当加大一些，笔触要排列整齐。

Step125　绘制肩部深色拼接面料。

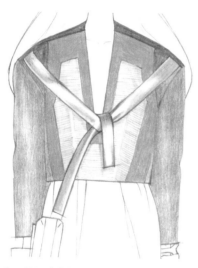

Step126　表现出深色拼接面料的立体感。

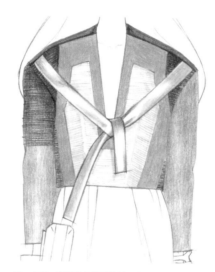

Step127　在底色上排列笔触，表现出条纹压印面料的肌理。

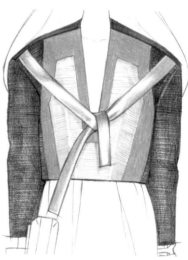

Step128　调整上衣整体的立体感，在袖子上适当描绘出褶皱。

Step129　用马克笔绘制裙身，并整理裙身的褶皱，表现出大的立体关系。

Step130　运用黑、白两色彩铅提亮受光部分，压黑阴影部分。因为面料的质感，明暗对比比较强烈。

Step131　绘制裙摆，先铺出底色。

Step132　裙摆面料平整，褶皱较少，反光部分形状整齐。

Step133　绘制手袋。用马克笔铺出底色，并表现出大的明暗关系。

Step134　用白色彩铅提亮并刻画接缝处。

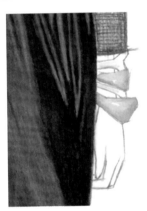

Step135　绘制手镯的底色。

Step136　加深暗部，表现出立体感。透明材质部分要绘制出下层的肤色。

Step137　刻画细节，勾勒边缘。

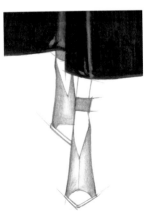
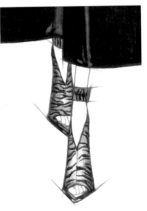

Step138　绘制鞋面的亮色。

Step139　逐层叠色，表现出鞋身的立体感。

Step140　绘制鞋面的印花图案，表现出皮质的肌理。

Step141 用马克笔平铺出帽子的底色，注意内外层的空间感。

Step142 用白色的水溶性彩铅画出亮部，注意帽带的光泽感。

绘制过程

第六套服装的起稿流程：起草动态——描绘轮廓——勾勒线稿

Step143　绘制肩、领和袖口拼接材料的亮部颜色。

Step144　用叠色来绘制阴影，表现出褶皱。

Step145　绘制装饰缝线。

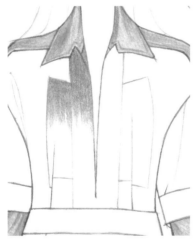

Step146　绘制前身拼接材料的底色。

Step147　注意因明暗关系而产生的深浅变化。

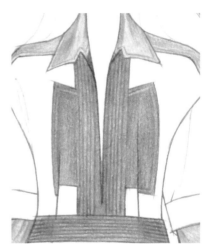

Step148　绘制拼接材料的装饰缝线。

Step149　用马克笔平铺连衣裙上身面料的底色。

Step150　铺色的同时要塑造出立体感，并表现出褶皱的起伏。

Step151　用黑、白亮色彩铅描绘衣身的抽线褶皱和腰胯间皮质材料的反光质感。

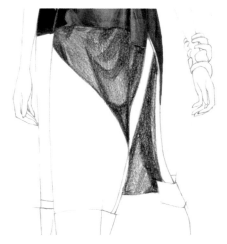

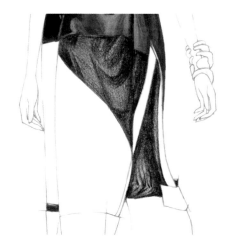

Step152　平铺裙身黑色拼接材料的亮色部分。

Step153　用油性彩铅描绘褶皱。拼接材料的反光感较弱。

Step154　加深阴影，增强层次感。

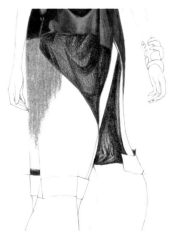

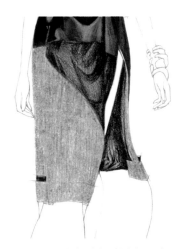

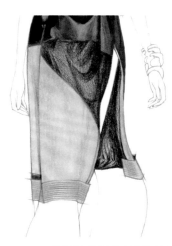

Step155　色粉彩铅混色，平铺出麂皮材料的底色。

Step156　平铺时要注意用笔方向，混色要均匀。

Step157　用擦笔抹开色粉粉末的颜色。

Step158　用较浅的色粉彩铅和擦笔结合绘制材料的亮色部分，表现出立体感。用油性彩铅描绘褶皱和装饰缝线。

Step159　用马克笔描绘皮质拼接袖子，高光要留白。

Step160　在绘制时要注意褶皱的走向。

Step161　用黑色的油性彩铅绘制明暗面的过渡色。

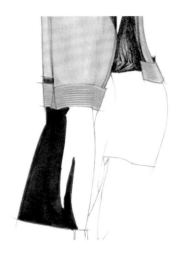

Step162　裙摆同为皮质材料，用马克笔铺色。

Step163　铺色时要留出高光的形状。

Step164　用黑色彩铅加深暗部，并绘制高光与暗部间的过渡色。

Step165　绘制手镯的亮色。

Step166　绘制暗部，表现出立体感。

Step167　加深阴影并勾勒边缘，表现出手镯硬朗的质感。

Step168　描绘鞋面的底色和镂空图案。

Step169　填充镂空图案的颜色。

Step170　用马克笔点缀鞋面的图案。

Step171　用另一种颜色给图案勾边。

Step172　用马克笔平铺帽子的底色。

Step173　给帽子的内侧着色，表现出空间感。

Step174　用色粉彩铅描绘帽子内的装饰材料，并提亮高光。

Step176 描绘大致的皮肤颜色和发型。

Step177 绘制出头发的层次感。

Step178 不要遗漏脚背的皮肤色。

Step175 绘制第一套服装模特的大致妆容。

Step180 表现出头发的层次感。

Step181 绘制手臂皮肤的颜色。

Step179 绘制第二套服装模特的大致妆容。

Step182 绘制脚部皮肤的颜色来衬托鞋子。

153

Step184 描绘大致的皮肤颜色和发型。

Step185 绘制出头发的层次感。

Step186 不绘制脚部的皮肤色。

Step188 面部造型有深色唇妆设计。

Step189 绘制出头发的层次感。

Step190 绘制手臂皮肤的颜色。

Step183 绘制第三套服装模特的大致妆容。

Step187 绘制第四套服装模特的大致妆容。

Step192　描绘大致的皮肤颜色，强调唇妆，并铺出头发的亮色。

Step193　绘制出头发的层次感。

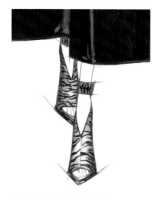

Step194　添加脚部的颜色。

Step196　强调唇部的妆容，绘制头发的亮色。

Step197　头发有双色拼接色，过渡要自然。

Step191　绘制第五套服装模特的大致妆容。

Step198　绘制手臂皮肤的颜色。

Step199　绘制腿部和脚部皮肤的颜色。

Step195　绘制第六套服装模特的大致妆容。

Step200　版面设计。创意系列时装的版面可根据设计者的喜好，添加相应的设计元素、灵感来源等，丰富画面，明确设计概念的传达。

Tips

时装造型来自:
Balenciaga 2012 SPRING/SUMM-
ER COLLECTION

Chapter 05

彩铅时装画
范例临本

图书在版编目(CIP)数据

时装画彩铅表现技法 / 陆晓彤著.
一北京:中国青年出版社,2014.12
(完全手绘表现临本)
ISBN 978-7-5153-3061-7
I.①时… II.①陆… III.①服装－铅笔画－绘画技法　IV.①TS941.28
中国版本图书馆CIP数据核字(2014)第301284号

策划编辑: 蔡苏凡
责任编辑: 张　军
助理编辑: 王莉莉　张　琳
封面设计: 元气森林设计工作室　唐　棣
封面制作: 孙素锦

完全手绘表现临本:时装画彩铅表现技法

陆晓彤　著

出版发行　中国青年出版社

地　　址	北京市东四十二条21号
邮政编码	100708
电　　话	(010)59521188 / 59521189
传　　真	(010)59521111
企　　划	北京中青雄狮数码传媒科技有限公司

印　　刷	北京瑞禾彩色印刷有限公司
开　　本	635 x 965　1/8
印　　张	21
版　　次	2015年2月北京第1版
印　　次	2016年10月第5次印刷
书　　号	ISBN 978-7-5153-3061-7
定　　价	59.80元